Excel+2013

公式、函数、图表应用与数据分析

从新手到高手

（图解视频版）

博智书苑 编著

U0309166

北京日报出版社

图书在版编目（CIP）数据

Excel+2013 公式、函数、图表应用与数据分析从新手
到高手：图解视频版 / 博智书苑编著. -- 北京 ：北京
日报出版社, 2016.6
　　ISBN 978-7-5477-2009-7

　　Ⅰ．①E… Ⅱ．①博… Ⅲ．①表处理软件 Ⅳ.
① TP391.13

　　中国版本图书馆 CIP 数据核字(2016)第 017648 号

Excel+2013 公式、函数、图表应用与数据分析从新手到高手：**图解视频版**

出版发行：	北京日报出版社	
地　　址：	北京市东城区东单三条 8-16 号　东方广场东配楼四层	
邮　　编：	100005	
电　　话：	发行部：（010）65255876	
	总编室：（010）65252135	
印　　刷：	北京永顺兴望印刷厂	
经　　销：	各地新华书店	
版　　次：	2016 年 6 月第 1 版	
	2016 年 6 月第 1 次印刷	
开　　本：	787 毫米×1092 毫米　1/16	
印　　张：	19.5	
字　　数：	420 千字	
定　　价：	48.00 元（随书赠送光盘一张）	

前 言 FOREWORD

内容导读

Excel 2013 是微软公司推出的 Office 2013 套装软件的重要组成部分,其功能强大、易于操作,使用它可以制作电子表格,方便地输入数据、公式、函数以及图形对象,实现数据的高效管理、计算和分析,生成直观的图形、专业的图表等,被广泛应用于文秘办公、财务管理、市场营销、行政管理和协同办公等事务中。

公式、函数和图表是 Excel 中特别重要的功能,除此之外,Excel 还具有强大的数据分析功能。目前市场上的 Excel 类图书大多只针对函数与图表进行介绍,很少集基础、函数、图表、数据分析、宏和 VBA 应用于一体。因此,针对大多数读者的学习需求,我们特别组织 Excel 专家精心策划并编写了本书。

本书共分为 14 章,主要内容包括:

☑ 领略全新的 Excel 2013   ☑ 财务函数的应用

☑ 数据的输入与编辑   ☑ 其他常用函数的应用

☑ 工作表的格式设置与美化   ☑ 图表的创建与编辑

☑ 公式和函数的应用   ☑ 数据透视表与数据透视图的应用

☑ 统计函数的应用   ☑ 数据的管理与分析

☑ 数学与三角函数的应用   ☑ 宏与 VBA 应用

☑ 日期与时间函数的应用   ☑ 工作表打印与输出

主要特色

本书是帮助 Excel 2013 初学者实现入门、提高到精通的得力助手和学习宝典。本书主要具有以下特色:

● 从零起步,循序渐进

本书非常注重基础知识的讲解和对软件操作的练习,在讲解软件功能的同时,遵循阅读与学习的阶段性特点,循序渐进地进行传授,注重读者的理解与掌握。

● 注重操作,讲解系统

为了便于读者理解,本书结合大量的应用实例进行深入讲解,读者可以在实际操作中深入理解与掌握 Excel 2013 公式、函数、图表应用与数据分析的各种知识。

● 图解教学,以图析文

本书在介绍软件操作和办公应用的过程中均附有对应的图片和注解,便于读者在学习过程中直观、清晰地看到操作过程,更易于理解和掌握,提升学习效果。

● 边学边练,快速上手

本书结合大量典型实例,详细讲解了 Excel 2013 公式、函数、图表应用与数据分析的各种方法与技巧，循序渐进、讲解透彻，能使读者边学边练，快速上手。

光盘说明

　　本书随书赠送一张超长播放的多媒体 DVD 视听教学光盘，由专业人员精心录制了本书所有操作实例的实际操作视频，并伴有清晰的语音讲解，读者可以边学边练，即学即会。光盘中包含本书所有实例文件，易于读者使用，是培训和教学的宝贵资源，且大大降低了学习本书的难度，增强了学习的趣味性。

　　光盘中还超值赠送了由本社出版的《Word/Excel/PowerPoint 2013 三合一办公应用从新手到高手（图解视频版）》和《电脑软硬件维修从新手到高手（图解视频版）》的多媒体光盘视频，一盘多用，超大容量，物超所值。

适用读者

　　本书适合希望能够快速掌握 Excel 2013 应用技能的初学者，尤其适合不同年龄段的办公人员、文秘、财务人员、公务员和对 Excel 感兴趣的读者使用，同时也可作为大中专院校相关专业及各类社会电脑培训机构的 Office 学习教材。

售后服务

　　如果读者在使用本书的过程中遇到问题或者有好的意见或建议，可以通过发送电子邮件（E-mail：bzsybook@163.com）联系我们，我们将及时予以回复，并尽最大努力提供学习上的指导与帮助。

　　希望本书能对广大读者朋友提高学习和工作效率有所帮助，由于编者水平有限，书中可能存在不足之处，欢迎读者朋友提出宝贵意见，在此深表谢意！

编　者

目 录 CONTENTS

第 1 章 领略全新的 Excel 2013

第 2 章 数据的输入与编辑

第 3 章 工作表的格式设置与美化

第 4 章 公式和函数的应用

第 5 章　统计函数的应用

第 6 章　数学与三角函数的应用

第 7 章 日期与时间函数的应用

第 8 章 财务函数的应用

第 9 章　其他常用函数的应用

第 10 章 图表的创建与编辑

第 11 章 数据透视表与数据透视图的应用

第 12 章　数据的管理与分析

第 13 章　宏与 VBA 应用

第 14 章 工作表打印与输出

领略全新的 Excel 2013

Excel 2013 是 Office 2013 办公套装软件的重要组成部分，与以往的版本相比，Excel 2013 采用了面向结果的新界面，以功能区为操作主体，更加方便用户操作。本章将详细介绍 Excel 2013 的启动与退出、工作界面以及工作簿等基础操作。

本章要点

- 认识 Excel 2013
- 工作簿的基础操作
- 工作簿的显示操作
- 设置 Excel 2013 工作环境
- 共享工作簿

知识等级

Excel 初级读者

建议学时

建议学习时间为 35 分钟

1.1 认识 Excel 2013

Excel 2013 比以往的版本拥有更为强大的分析功能，采用更多的方式进行信息的管理和共享，跟踪并突出显示重要数据的变化趋势，在拥有了高效、灵活的 Excel 2013 后，之前许多棘手的问题都能迎刃而解。

1.1.1 认识 Excel 2013 的工作界面

Excel 2013 的工作界面，主要由快速访问工具栏、标题栏、功能区、表格编辑区以及状态栏等部分组成，如下图所示。

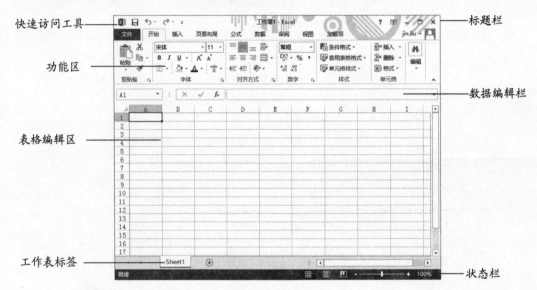

1．标题栏

标题栏显示的内容是当前正在编辑的工作簿名称和程序名称。标题栏右侧是三个按钮，分别是"最小化"按钮、"还原"按钮（"最大化"按钮）和"关闭"按钮。

2．快速访问工具栏

默认情况下，快速访问工具栏位于标题栏左侧，用于"保存"、"撤销"和"重复"操作。

3．功能区

功能区能够帮助用户快速找到想要完成某一任务所需要的命令，这些命令组成一个组，集中放在各个区域内。每个区域只与一种类型的操作相关，Excel 2013 的功能区主要包括"文件"、"开始"、"插入"、"页面布局"、"公式"、"数据"和"审阅"等。

4．数据编辑栏

数据编辑栏用于输入或编辑数据、公式和图表等对象，由"名称框"、"插入函数"按钮和"编辑框"三部分组成。

5. 表格编辑区

表格编辑区主要用于编辑表格。

6. 工作表标签

工作表标签位于工作簿窗口的底部，默认以 Sheet1、Sheet2、Sheet3……表示。

7. 状态栏

状态栏由四部分组成，分别为信息提示区、自动计算区、页面布局区和显示比例区。

1.1.2　Excel 2013 的启动与退出

Excel 2013 的启动与退出是最基本的操作，要使用 Excel 2013，首先要学会启动与退出的操作方法。

1. 启动 Excel 2013

启动 Excel 2013 的操作方法如下：

01 **单击软件图标**　按【Windows】键进入 Metro 界面，单击 Excel 2013 图标，如下图所示。

02 **打开程序**　随后将启动 Excel 2013，并进入首页，单击"空白工作簿"按钮可进入程序，如下图所示。

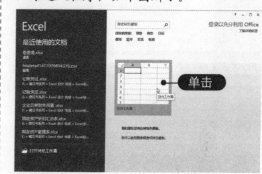

2. 退出 Excel 2013

退出 Excel 2013 的操作方法如下：

01 **单击"关闭"按钮**　输入完毕后，单击程序右上角"关闭"按钮，如下图所示。

02 **保存工作簿**　提示是否保存，单击"保存"按钮即可，如下图所示。

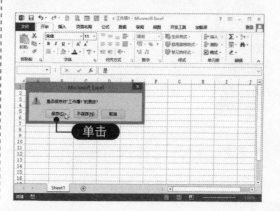

1.2 工作簿的基础操作

工作簿是 Excel 2013 的主要数据存储单位，一个工作簿即一个硬盘文件。工作簿的主要操作包括"新建"、"保存"、"关闭"和"打开"等，下面将对工作簿的多种灵活操作方法进行介绍。

1.2.1 新建工作簿

启动 Excel 2013 后会自动新建一个工作簿，默认名称为"工作簿1"。如果要新建一个新的工作簿，可以按照下面的方法进行操作：

01 查看信息　启动 Excel 2013，选择"文件"选项卡，进入"信息"选项界面，如下图所示。

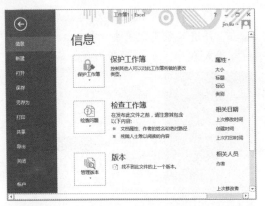

02 选择"新建"命令　在窗口左侧的列表中选择"新建"命令，如下图所示。

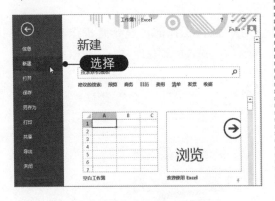

03 选择"空白工作簿"选项　在窗口右侧选择"可用模板"栏中的"空白工作簿"选项，如下图所示。

04 查看效果　此时，即可完成空白工作簿的创建操作，如下图所示。

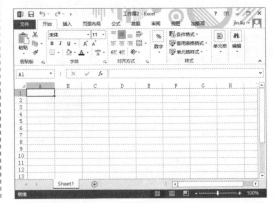

1.2.2 打开工作簿

启动 Excel 2013 后，系统会自动打开一个工作簿。如果需要打开已经保存的工作簿，就需要找到原始文件保存的位置，当然也可以按只读方式打开。下面将对打开工作簿的几种方法进行介绍。

01 选择"打开"命令　选择"文件"选项卡，在弹出的列表中选择"打开"命令，如下图所示。

02 选择目标工作簿　选择"最近使用的工作簿"选项，在右侧的列表框中选择目标工作簿，即可打开工作簿，如下图所示。

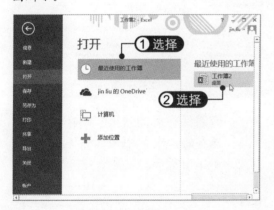

03 单击"浏览"按钮　如果在窗口中选择"计算机"选项，单击右侧的"浏览"按钮，如下图所示。

04 单击"打开"按钮　弹出"打开"对话框，选择要打开的工作簿，单击"打开"按钮，也可打开工作簿，如下图所示。

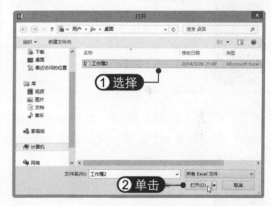

1.2.3　保存工作簿

工作簿需要保存以后才能成为磁盘空间的实体文件，用于以后的读取和编辑。下面将对保存工作簿的方法进行详细介绍。

1．直接保存

方法一：单击快速工具栏中的"保存"按钮，此时被保存文件的路径和文件上次保存的路径是相同的，如下图（左）所示。

方法二：选择"文件"选项卡，在弹出的列表中选择"保存"命令，此时被保存文件的路径和文件上次保存的路径是相同的，如下图（右）所示。

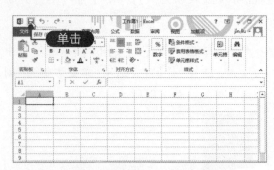

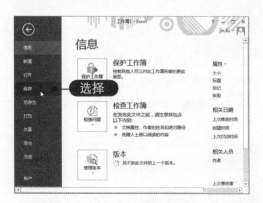

2. 使用"另存为"选项保存

01 **选择"另存为"命令** 选择"文件"选项卡，在弹出的列表中选择"另存为"命令，如下图所示。

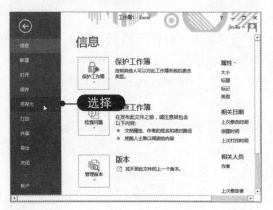

02 **单击"浏览"按钮** 在窗口右侧选择"计算机"选项，然后单击右侧的"浏览"按钮，如下图所示。

03 **选择保存路径** 弹出"另存为"对话框，选择保存路径，单击"保存"按钮，如下图所示。

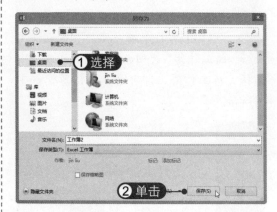

04 **查看保存后的效果** 此时即可看到保存的工作簿，并且工作簿标题已经改变，如下图所示。

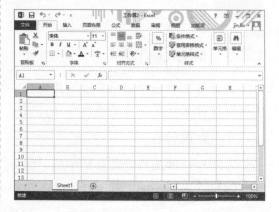

1.2.4 关闭工作簿

完成对工作簿的保存后，即可退出 Excel 工作簿，具体操作方法如下：

01 单击 Excel 按钮　单击窗口左上角按钮 图，在弹出列表中选择"关闭"，即可关闭整个 Excel 窗口，如下图所示。

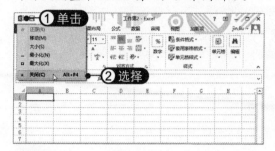

02 单击"关闭"按钮　单击窗口右上角的"关闭"按钮 ×，可以直接关闭整个 Excel 窗口，如下图所示。

03 选择"关闭"命令　选择"文件"选项卡，在左侧选择"关闭"命令，即可关闭工作簿，如下图所示。

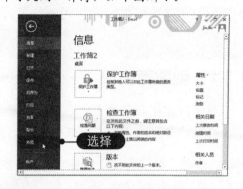

04 使用快捷菜单关闭　右击标题栏，选择快捷菜单中的"关闭"命令，即可关闭整个 Excel 窗口，如下图所示。

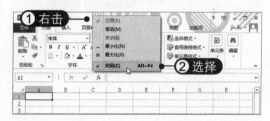

1.2.5　隐藏工作簿

若工作簿使用的工作表过多，为了便于工作表之间的切换，可以将暂时用不到的工作表隐藏，下面将详细介绍关闭和隐藏工作簿的方法。

01 隐藏窗口　选择"视图"选项卡，单击"隐藏窗口"按钮，如下图所示。

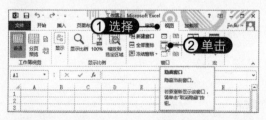

02 查看隐藏效果　查看隐藏效果，单击"取消隐藏窗口"按钮，如下图所示。

03 取消隐藏工作簿　弹出对话框，单击"确定"按钮，如下图所示。

04 查看效果　此时，即可查看取消隐藏窗口后的效果，如下图所示。

1.3 工作簿的显示操作

在实际工作中经常需要同时打开多个工作簿窗口，在 Excel 2013 中可以创建、切换、重排窗口，也可以进行并排查看，以及对窗口的自由缩放等操作。

1.3.1 创建新窗口

对于数据比较多的工作表，可以建立两个窗口。一个窗口显示固定的内容，另一个窗口显示其他内容或进行其他操作。创建新窗口的具体操作方法如下：

01 **单击"新建窗口"按钮** 选择"视图"选项卡，单击"窗口"组中的"新建窗口"按钮，如下图所示。

02 **查看创建效果** 此时，原有的工作簿窗口和新建的工作簿窗口都会相应地更改标题栏上的名称，如下图所示。

1.3.2 切换窗口

一般情况下，每一个工作簿窗口总是以最大化形式显示在 Excel 工作簿窗口中，并在窗口标题栏上显示文档的名称。有时用户可能需要同时打开多个窗口，并要在这些窗口中反复切换。Excel 2013 提供了窗口切换功能，可以方便地实现在不同 Excel 文档间进行切换，具体操作方法如下：

01 **选择命令** 选择"视图"选项卡，单击"窗口"组中的"切换窗口"下拉按钮，选择"1 分店联系电话.xlsx: 1"命令，如下图所示。

02 **查看切换效果** 此时，"分店联系电话.xlsx: 1"工作簿成为当前工作簿窗口，如下图所示。

1.3.3 重排窗口

手动排列窗口的操作虽然可以由用户自由设置，但在操作上比较繁琐，使用"全部重排"命令会更方便、更快捷，具体操作方法如下：

01 单击"全部重排"按钮　单击"视图"选项卡下"窗口"组中的"全部重排"按钮，如下图所示。

02 选中"平铺"单选按钮　弹出"重排窗口"对话框，选中"平铺"单选按钮，单击"确定"按钮，如下图所示。

03 查看平铺效果　此时，当前 Excel 程序中所有打开的工作表窗口平铺显示在工作窗口中，如下图所示。

04 其他排列方式　也可在"重排窗口"对话框中选择其他排列方式，如"水平并排"、"垂直并排"和"层叠"，工作簿窗口对应显示不同的排列显示方式，其显示效果分别如下图所示。

1.3.4 视图缩放

为了确定单元格方位，定位图表或图形对象，以方便查看工作表内容，Excel 2013

提供了一些控制工作表显示方式的命令。对工作表进行视图缩放有多种方法，下面将介绍如何通过功能区精确比例进行缩放。

方法一：通过功能区精确比例进行缩放

01 **单击"显示比例"按钮** 选择"视图"选项卡，单击"显示比例"组中的"显示比例"按钮，如下图所示。

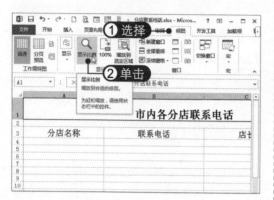

02 **设置显示比例** 弹出对话框，在"缩放"选项区中选中 200% 单选按钮，单击"确定"按钮，如下图所示。

03 **查看放大效果** 此时，即可显示按照 200% 进行缩放的效果，如下图所示。

04 **查看缩小效果** 用同样的方法将工作表按照 75% 进行缩放，查看最终效果，如下图所示。

1.4 设置 Excel 2013 工作环境

用户可以创建符合自己工作习惯的 Excel 环境，如显示或隐藏网格线，显示或隐藏标尺，设置 Excel 自动保存编辑文档的时间间隔，设置自己的默认保存路径、保存类型等，下面对其分别进行介绍。

1.4.1 显示与隐藏网格线

在 Excel 2013 中可以隐藏网格线，具体操作方法如下：

01 取消选择"网格线"复选框　选择"视图"选项卡，取消选择"显示"组中的"网格线"复选框，即可查看去掉网格线后的窗口效果，如下图所示。

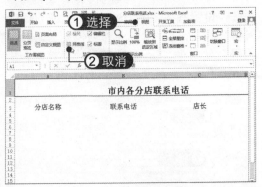

02 显示网格线　若要显示网格线，则选中"显示"组中的"网格线"复选框，如下图所示。

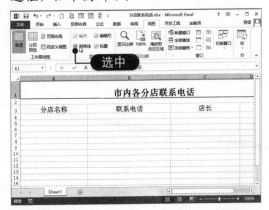

1.4.2　显示与隐藏标尺

在 Excel 的普通视图中并不能显示标尺，只有在"页面"视图中才能显示或隐藏标尺，具体操作方法如下：

01 单击"页面布局"按钮　在状态栏中单击"页面布局"按钮，切换到页面视图，如下图所示。

03 隐藏标尺　取消选择"显示"组中的"标尺"复选框，即可查看隐藏标尺后的效果，如下图所示。

02 显示标尺　此时在工作表区上方和左侧即可看到标尺，如下图所示。

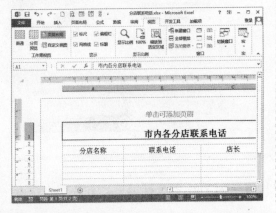

04 显示标尺　选中"标尺"复选框，即可再次显示标尺，如下图所示。

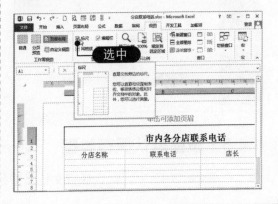

1.4.3 设置文件自动保存

用户可以自己设置工作表自动保存信息的时间间隔，以免突然断电没有及时保存造成数据丢失。设置文件自动保存的具体操作方法如下：

01 选择"选项"命令 选择"文件"选项卡，在左侧列表中选择"选项"命令，如下图所示。

02 设置参数 弹出对话框，选择"保存"选项，选中"保存自动恢复信息时间间隔"复选框，输入 1~120 的整数，如输入 5，单击"确定"按钮，如下图所示。

1.4.4 设置默认保存路径

如果在一段时间内经常要将工作簿保存到某个文件夹，可以设置一个默认的保存路径，这样保存起来更加方便，具体操作方法如下：

01 选择"选项"命令 选择"文件"选项卡，在弹出的列表中选择"选项"命令，如下图所示。

02 设置默认保存位置 弹出对话框，选择"保存"选项，在"默认本地文件位置"文本框输入要保存的文档路径，单击"确定"按钮，如下图所示。

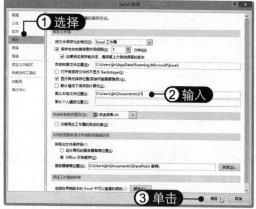

1.4.5 设置默认保存类型

在 Excel 2013 中，默认保存文档类型是扩展名为.xlsx 的文档格式。如果想在保存工作簿时自动将文档保存为其他格式，具体操作方法如下：

01 选择"选项"命令　选择"文件"选项卡，在弹出的列表中选择"选项"命令，如下图所示。

02 设置默认保存类型　弹出对话框，选择"保存"选项，设置"将文件保存为此格式"为"Excel 启用宏的工作簿"，单击"确定"按钮，如下图所示。

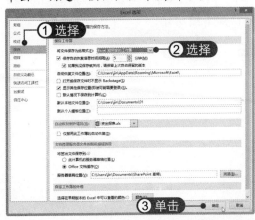

1.4.6　隐藏与显示功能区

在编辑 Excel 功能区时可能需要更大的编辑空间，这时可以将功能区隐藏起来，实现全屏编辑，具体操作方法如下：

01 双击选项卡　选择"开始"选项卡并双击，如下图所示。

02 查看设置效果　此时功能区将隐藏起来，使用户有更大的编辑区域，如下图所示。再次双击，即可恢复功能区。

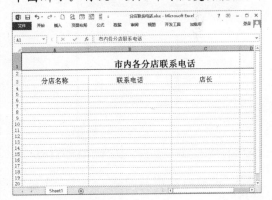

1.5　共享工作簿

为了更好地协同工作，可以将工作簿设置成共享工作簿。共享工作簿就是让多个用户共用同一张表格或数据，根据分工的不同，用户可以针对工作簿中的某一部分进行修改。下面将详细介绍如何创建共享工作簿和修订共享工作簿等。

1.5.1 创建共享工作簿

若要创建共享工作簿，具体操作方法如下：

01 **单击"共享工作簿"按钮** 选择"审阅"选项卡，单击"共享工作簿"按钮，如下图所示。

02 **设置共享工作簿** 弹出"共享工作簿"对话框，选中"允许多用户同时编辑，同时允许工作簿合并"复选框，如下图所示。

03 **设置自动更新间隔** 选择"高级"选项卡，选中"自动更新间隔"单选按钮，单击"确定"按钮，如下图所示。

04 **确认共享操作** 在弹出的提示信息框中单击"确定"按钮即可，如下图所示。

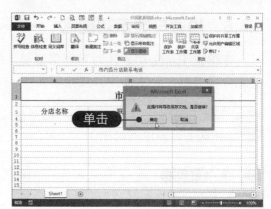

05 **查看效果** 此时工作簿标题栏上显示"[共享]"字样，如下图所示。

1.5.2 修订共享工作簿

下面将详细介绍如何突出显示修订，具体操作方法如下：

01 选择"突出显示修订"命令　选择"审阅"选项卡，单击"修订"下拉按钮，选择"突出显示修订"命令，如下图所示。

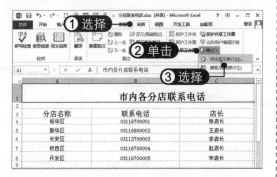

02 选中"修订人"复选框　弹出"突出显示修订"对话框，选中"修订人"复选框，单击"位置"文本框右侧的折叠按钮 ，如下图所示。

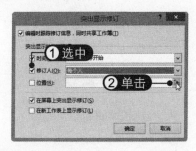

03 选中单元格　在工作簿中选中 B5 单元格，单击"突出显示修订"对话框中的折叠按钮 ，如下图所示。

04 突出显示修订　返回"突出显示修订"对话框，单击"确定"按钮，如下图所示。

05 确认修订操作　弹出提示信息框，单击"确定"按钮，如下图所示。

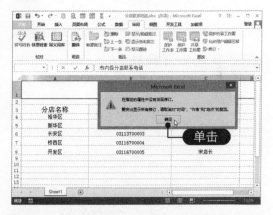

06 修改数据　返回工作簿，将 B5 中的数据 03116800002 改为 0311670002，按【Enter】键确认，如下图所示。

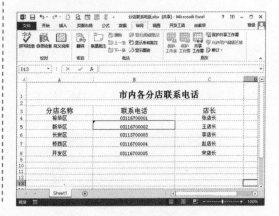

1.5.3　接受与拒绝修订工作簿

下面将介绍接受与拒绝修订的具体操作方法，具体操作方法如下：

01 选择"接受/拒绝修订"命令 在"审阅"选项卡下单击"修订"下拉按钮,选择"接受/拒绝修订"命令,如下图所示。

02 确认修订操作 弹出提示信息框,单击"确定"按钮确认操作,如下图所示。

03 设置"接受或拒绝修订"选项 弹出"接受或拒绝修订"对话框,单击"位置"文本框右侧的折叠按钮,如下图所示。

04 选择单元格 在工作簿中选中 B5 单元格,单击"接受或拒绝修订"对话框中的折叠按钮,如下图所示。

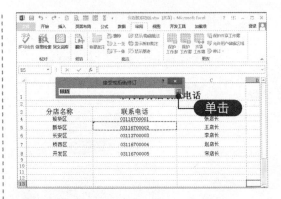

05 确认操作 返回"接受或拒绝修订"对话框,单击"确定"按钮,如下图所示。

06 单击"拒绝"按钮 在弹出的对话框中单击"拒绝"按钮,如下图所示。

07 查看拒绝效果 此时 B5 单元格又恢复为原来的数据 03116800002,如下图所示。

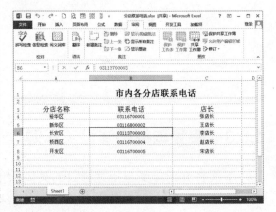

Chapter
02

数据的输入与编辑

在使用 Excel 处理数据时，数据的输入与编辑是非常重要的基本操作。数据的输入方法有很多种，不同情况下选用合适的方法会提高数据的输入效率。本章将详细介绍单元格数据编辑、数据的输入与填充，以及数据的编辑等方法与技巧。

本章要点

- 单元格数据编辑
- 数据的输入
- 填充数据
- 编辑数据

知识等级

Excel 初级读者

建议学时

建议学习时间为 50 分钟

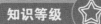

2.1 单元格数据编辑

> 启动 Excel 2013 并新建工作表后，即可在工作表中输入数据，并对其进行编辑。输入与编辑数据的操作主要是在单元格中进行的，因此要先学会单元格数据编辑。

2.1.1 选择单元格

编辑单元格，首先要选择单元格。在 Excel 中不仅可以选择单个单元格，还可以选择整行或整列；不仅可以选择相邻的单元格，还可以选择不相邻的单元格。

01 **选择单个单元格** 单击要选择的单元格，即可选择单个单元格，如下图所示。

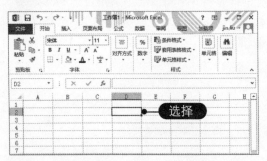

02 **选择整行** 单击位于窗口左侧的行号，即可选择整行单元格，如下图所示。

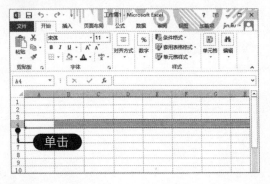

03 **选择相邻的单元格** 移动鼠标指针至要选择区域的第一个单元格处，按住鼠标左键并沿对角线方向拖动至合适位置后松开鼠标，即可选择相邻的单元格，如下图所示。

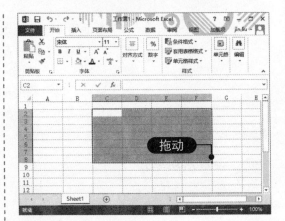

04 **选择不相邻的单元格** 选择某个单元格后，按住【Ctrl】键继续选择其他单元格，即可选择不相邻的单元格，如下图所示。

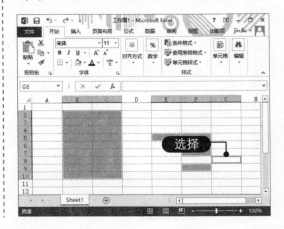

2.1.2 插入单元格

在编辑工作表时，可以在工作表中活动单元格的上方或左侧插入空白单元格。在插入空白单元格时，Excel 将同一列中的其他单元格下移或将同一行中的其他单元格右移，以容纳新单元格。同样，可以在选定行的上方插入多行或在选定列的左侧插入多列。

方法一：使用功能区按钮插入单元格

01 选择"插入单元格"命令 选择单元格，单击"开始"选项卡下"单元格"组中的"插入"下拉按钮，选择"插入单元格"命令，如下图所示。

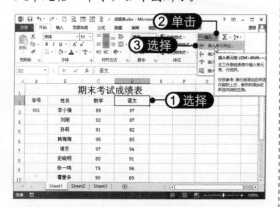

02 设置活动单元格下移 弹出"插入"对话框，选中"活动单元格右移"单选按钮，单击"确定"按钮，如下图所示。

方法二：使用快捷菜单插入单元格

01 选择"插入"命令 选择单元格并右击，在弹出的快捷菜单中选择"插入"命令，如下图所示。

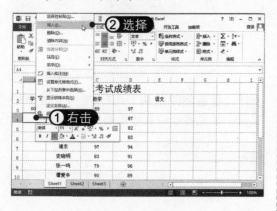

02 设置插入整行 弹出"插入"对话框，选择"整行"单选按钮，单击"确定"按钮，如下图所示。

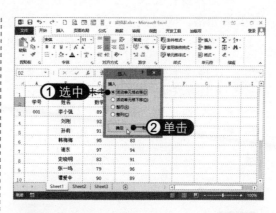

03 查看插入效果 此时，即可查看新插入单元格后的表格效果，如下图所示。

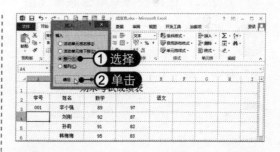

03 查看插入效果 此时，即可查看新插入单元格后的表格效果，如下图所示。

2.1.3　删除单元格

和插入操作相反，删除操作就是从工作表中减少单元格。实际上删除操作不仅是减少单元格，同时减少的还有单元格中的数据。

方法一：使用功能区按钮删除单元格

01 选择"删除单元格"命令　选择单元格或区域，单击"开始"选项卡下"单元格"组中的"删除"下拉按钮，选择"删除单元格"命令，如下图所示。

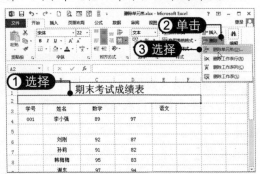

02 设置下方单元格上移　弹出"删除"对话框，选中"下方单元格上移"单选按钮，单击"确定"按钮，如下图所示。

方法二：使用快捷菜单删除单元格

01 选择"删除"命令　选择单元格并右击，在弹出的快捷菜单中选择"删除"命令，如下图所示。

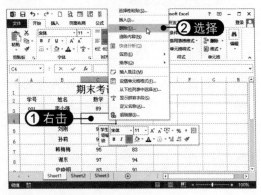

02 设置下方单元格上移　弹出"删除"对话框，选中"下方单元格上移"单选按钮，单击"确定"按钮，如下图所示。

03 查看删除效果　此时，即可查看删除单元格后的表格效果，如下图所示。

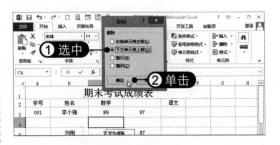

03 查看删除效果　此时，即可查看删除单元格后的表格效果，如下图所示。

2.1.4　清除单元格

清除单元格与删除单元格有所不同，清除单元格只删除单元格中的数据，而不能删除单元格。清除单元格的方法如下：

方法一：使用功能区按钮清除单元格

01 选择"全部清除"命令　选择单元格区域，单击"编辑"组中的"清除"下拉按钮，选择"清除内容"命令，如下图所示。

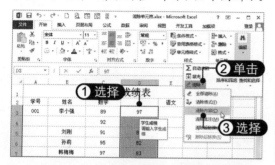

02 查看清除效果　此时，即可查看清除单元格后的表格效果，如下图所示。

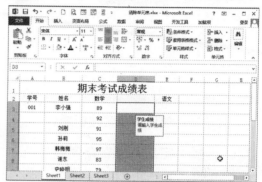

方法二：使用快捷菜单清除单元格

01 选择"清除内容"命令　选中单元格并右击，在弹出的快捷菜单中选择"清除内容"命令，如下图所示。

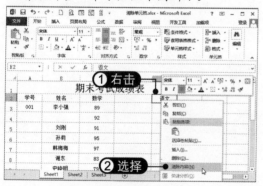

02 查看清除效果　查看清除单元格内容后的表格效果，如下图所示。

2.1.5　命名单元格

对单元格进行命名，可以快速、准确地定位单元格，方法如下：

方法一：使用名称框命名

01 选择要命名的单元格　选择单元格，单击名称框，如下图所示。

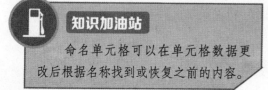

知识加油站

命名单元格可以在单元格数据更改后根据名称找到或恢复之前的内容。

02 输入单元格名称　在名称框中输入单元格新名称，如输入"语文"，如下图所示。

03 查看命名效果　输入新名称后，按【Enter】键即可完成命名操作，如下图所示。

方法二：使用功能区按钮命名

01 选择"定义名称"命令　选择单元格，选择"公式"选项卡，单击"定义的名称"组中的"定义名称"下拉按钮，选择"定义名称"命令，如下图所示。

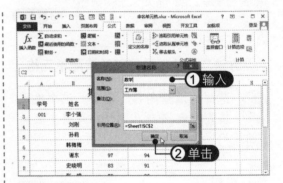

03 查看命名效果　此时即可查看新命名单元格后的表格效果，如下图所示。

02 设置新名称　弹出"新建名称"对话框，在"名称"文本框中输入"数学"，其他采用默认设置，单击"确定"按钮，如下图所示。

2.1.6 复制单元格数据

移动单元格数据后不保留原单元格的数据，而复制单元格数据后原单元格的数据被保留。复制单元格数据的方法如下：

方法一：使用快捷菜单命令复制单元格数据

01 选择"复制"命令 选中单元格区域并右击，在弹出的快捷菜单中选择"复制"命令，如下图所示。

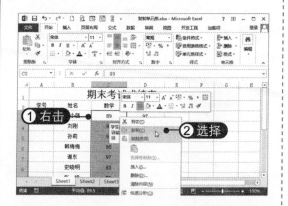

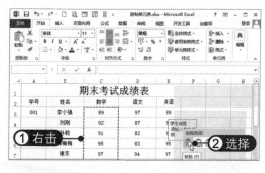

03 查看复制数据效果 此时即可查看复制单元格数据后的效果，如下图所示。

02 选择目标单元格并粘贴 选中目标单元格并右击，在弹出的快捷菜单中选择"粘贴选项：粘贴"命令，如下图所示。

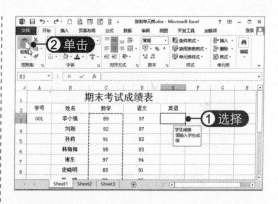

方法二：使用功能区按钮复制单元格数据

01 单击"复制"按钮 选择单元格区域，单击"开始"选项卡下"剪贴板"组中的"复制"按钮，如下图所示。

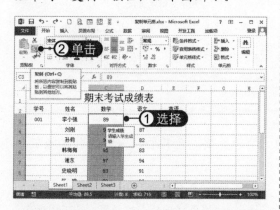

03 查看数据复制效果 此时，即可查看复制单元格数据后的效果，如下图所示。

02 选择目标单元格并粘贴 选择目标单元格，单击"开始"选项卡下"剪贴板"组中的"粘贴"按钮，如下图所示。

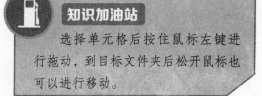

知识加油站

选择单元格后按住鼠标左键进行拖动，到目标文件夹后松开鼠标也可以进行移动。

2.1.7　移动单元格数据

在使用 Excel 的过程中，经常需要对单元格中的数据进行移动，具体操作方法如下：

01 单击"剪切"按钮　选择单元格区域，单击"开始"选项卡下"剪贴板"组中的"剪切"按钮，如下图所示。

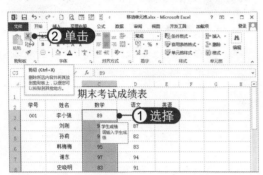

02 选择目标单元格　此时被剪切的单元格边缘出现虚线，然后选择目标单元格，如下图所示。

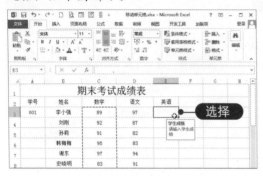

03 单击"粘贴"按钮　单击"开始"选项卡下"剪贴板"组中的"粘贴"按钮，如下图所示。

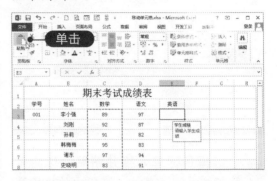

04 查看数据移动效果　此时，即可查看单元格数据被移动后的效果，如下图所示。

2.1.8　合并单元格

合并单元格就是将相邻的单元格合并为一个单元格。合并后只保留所选区域左上角单元格中的数据内容，具体操作方法如下：

01 选择"合并后居中"命令　选择单元格区域，单击"开始"下"对齐方式"组中的"合并后居中"按钮，如下图所示。

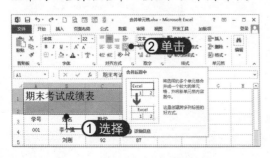

02 查看合并效果　此时即可查看合并单元格区域后的表格效果，如下图所示。

2.1.9　取消单元格合并

拆分单元格只对合并的单元格进行拆分，不能拆分未合并过的单元格。拆分单元格的具体操作方法如下：

01 **取消单元格合并**　选择单元格，单击"开始"选项卡下"对齐方式"组中的"合并后居中"下拉按钮，选择"取消单元格合并"命令，如下图所示。

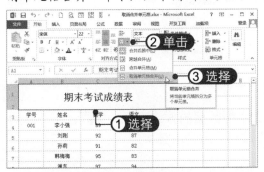

02 **查看效果**　此时，即可查看拆分单元格后的表格效果，如下图所示。

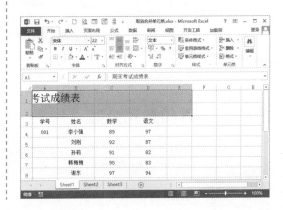

2.2　数据的输入

不同的数据类型在输入时的方法是不同的，常见的数据类型有文本型数据、负数和分数、日期和时间以及货币型数据等，下面分别介绍各种类型数据的输入方法。

2.2.1　输入文本型数据

在工作表中输入的文本型数据一般为文本型文字。在 Excel 中，文本型数据用来作为数值型数据的说明、分类和标签等。输入文本型数据的具体操作方法如下：

01 **新建工作簿**　新建空白工作簿，并保存为"办公物品分发记录表"，如下图所示。

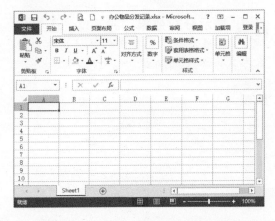

02 **输入文本型数据**　转换至常用的输入法，双击 A1 单元格，然后输入"办公物品分发记录表"，如下图所示。

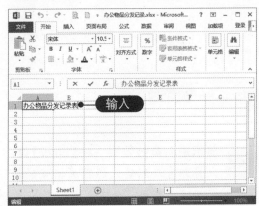

03 在编辑栏中输入文本型数据　按【Enter】键，自动切换到 A2 单元格，在编辑栏中输入"领用日期"，单击"输入"按钮，如下图所示。

04 输入其他文本型数据　采用同样的方法在其他单元格中输入其他需要的文本型数据，如下图所示。

2.2.2　输入负数和分数

在 Excel 2013 中输入负数、分数与输入文本型数据的方法不同，需要运用特殊的输入方法输入。下面将介绍在 Excel 中输入负数和分数的方法。

01 在单元格中直接输入负数　新建空白工作簿，在单元格中输入"–30"，如下图所示。

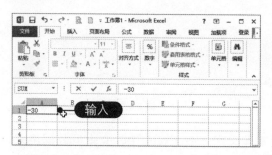

02 使用括号输入　按【Enter】键，即可看到单元格输入的数据形式为负数，在 A2 单元格中输入"（30）"，如下图所示。

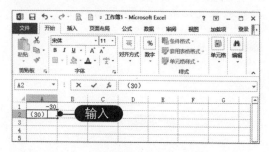

03 显示输入负数效果　按【Enter】键，此时即可看到输入的添加括号的数据也显示为负数形式，如下图所示。

04 输入分数　选择 B1 单元格，在单元格中输入 0，然后按空格键，再输入"1/2"，即"0 1/2"，如下图所示。

05 显示分数效果　按【Enter】键，即可看到单元格中的数据显示为分数形式，如下图所示。

2.2.3 输入日期或时间

在制作记录表时，往往会涉及日期和时间型数据的输入，下面将详细介绍在 Excel 中输入日期和时间型数据的方法。

01 选择数据格式　打开素材文件，选择 A3 单元格，单击"开始"选项卡下"数字"组中的"数字格式"下拉按钮，选择"其他数字格式"命令，如下图所示。

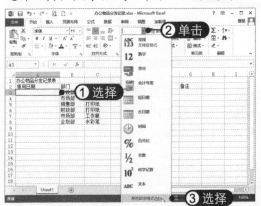

02 设置日期类型　弹出"设置单元格格式"对话框，切换至"数字"选项卡，在"分类"列表中选择"日期"选项，在"类型"列表框中选择需要的日期类型，单击"确定"按钮，如下图所示。

03 输入日期　在 A3 单元格中输入"2015/05/20"，然后按空格键，再输入"09:00"，即"2015/05/20 09:00"，如下图所示。

04 输入其他类型的日期　按【Enter】键，可看到输入的日期和时间。在 A4 单元格中输入"2015-05-20 10:30"，如下图所示。

05 显示日期　按【Enter】键，即可看到输入的数据自动切换为"2015/05/20 10:30"。采用同样的方法输入其他日期数据，如下图所示。

2.2.4 输入货币型数据

在制作工作表时，经常需要输入一些货币型的数据，下面将详细介绍输入货币型数据的方法。

01 单击扩展按钮　打开素材文件，选中 E3~E8 单元格，单击"开始"选项卡下"数字"组中的扩展按钮，如下图所示。

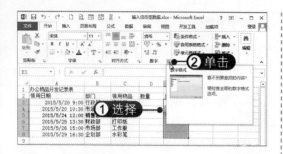

02 **设置数据类型** 弹出"设置单元格格式"对话框,切换至"数字"选项卡,在"分类"列表中选择"货币"选项,在"小数位数"数值框中设置小数位数,在"货币符号"下拉列表框中选择货币符号,在"类型"列表框中选择数据类型,设置完成后单击"确定"按钮,如下图所示。

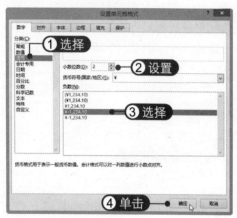

03 **输入数据** 返回文档编辑区,在E3单元格中直接输入130,如下图所示。

04 **查看数据效果** 按【Enter】键,即可看到其自动转换为货币型数据。采用同样的方法输入其他数据,如下图所示。

2.2.5 将数字转化为文本

如果单元格中输入的数字是不进行运算的,最好将其作为文本输入,如邮政编码、证件号码或学号等。默认情况下,将数字输入到单元格时 Excel 将其作为数字设置为右对齐。若要将输入的数字转化为文本,可以进行以下操作:

01 **输入数字** 选择单元格,输入数字时在其前面加上半角的单引号"'",即可将数字转化为文本,如下图所示。

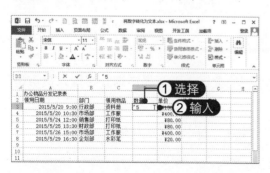

02 **查看数字效果** 按【Enter】键,即可查看此时的数字效果,如下图所示。

2.2.6 在相邻单元格区域中输入多个相同数据

在向单元格中输入数据时，有时会遇到需要向多个相邻的单元格中输入相同数据的情况，为了提高工作效率，可以通过同时输入多个数据的方式来完成，方法如下：

01 选择单元格区域 选择需要输入相同数据的单元格区域，如下图所示。

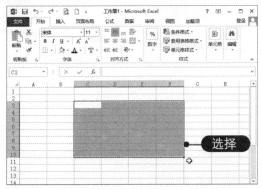

02 输入相关数据 直接输入所需数据，如下图所示。

03 使用快捷键 按【Ctrl+Enter】组合键，此时即可看到选择的单元格区域中已经同时输入了多个相同数据，如下图所示。

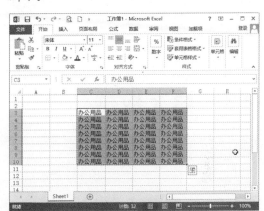

知识加油站

当【ScrollLock】键处于打开状态时，状态栏上会显示"滚动"。在ScrollLock处于打开状态时，按方向键将向上或向下移动一行或者向左或向右移动一列。

2.2.7 在不相邻的单元格中同时输入多个相同数据

在输入数据的过程中，有时输入相同数据的不是相邻的单元格，若逐个进行输入会很浪费时间。下面将介绍在不相邻的单元格中同时输入多个相同数据的方法。

01 选择不相邻的单元格 打开素材文件，选中 D3、D5、D7、D8 单元格，如下图所示。

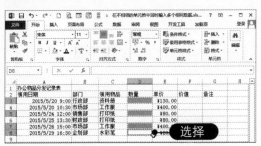

02 输入数字 5 在选择的单元格中输入 5，如下图所示。

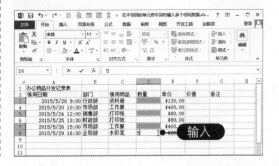

03 **使用快捷键** 按【Ctrl+Enter】组合键即可完成全部输入，如下图所示。

04 **继续输入数据** 再次选中不相邻的单元格，采用同样的方法继续进行输入操作，如下图所示。

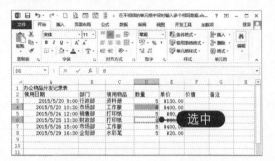

2.3 填充数据

填充数据包括记忆式键入、日期序列填充、数值序列填充、文本序列填充，以及自定义序列填充等，下面将分别对其进行介绍。

2.3.1 设置记忆式键入

为了快捷输入数据，可以设置记忆式键入，让 Excel 自动重复数据或者自动填充数据，具体操作方法如下：

01 **选择"选项"命令** 选择"文件"选项卡，在弹出的列表中选择"选项"命令，如下图所示。

02 **设置Excel选项** 弹出"Excel选项"对话框，在左侧选择"高级"选项，在右侧选中"为单元格值启用记忆式键入"复选框，单击"确定"按钮，如下图所示。

2.3.2 使用填充柄自动填充数据

使用填充柄可以快速填充一行或一列数据，具体操作方法如下：

01 **选择数据** 选择单元格，输入数字1，将鼠标指针移至单元格右下角，此时指针变为十字形状 ✚，如下图所示。

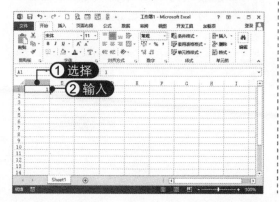

02 **拖动填充柄** 用鼠标拖动右下角的填充柄，拖到需要填充的单元格松开鼠标，即可得到填充效果，如下图所示。

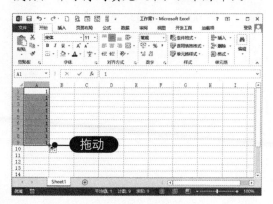

2.3.3 使用"填充"命令填充数据

在填充数据时，除了可以拖动填充柄快速填充相邻的单元格外，还可以使用"填充"命令用相邻单元格或区域的内容填充活动单元格或选定区域，具体操作方法如下：

01 **选择空白单元格** 选择单元格，输入数据，选择位于填充数据单元格的上方、下方、左侧或右侧的空白单元格，如下图所示。

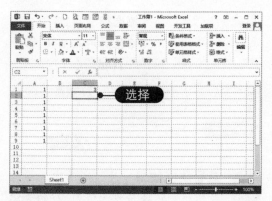

02 **选择"向下"命令** 单击"开始"选项卡下"编辑"组中的"填充"下拉按钮，在弹出的下拉列表中选择"向下"命令，如下图所示。

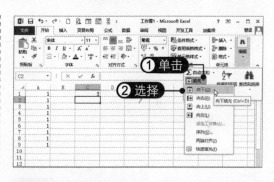

03 **查看填充效果** 此时即可查看填充数据后的单元格效果，如下图所示。

2.3.4 文本序列填充

文本序列填充是对文字中存在的数字序列进行填充，文字部分不会变化。如果文字中不存在数字，文本序列的填充只是完成复制，这里所说的文本序列不包括下面将要介绍的自定义填充序列。文本序列填充的具体操作方法如下：

01 **选择单元格** 选择单元格，输入"编号001"，使用填充柄向下填充，如下图所示。

02 **查看填充效果** 松开鼠标，Excel会自动对尾部的数字使用默认步长值进行填充，如下图所示。

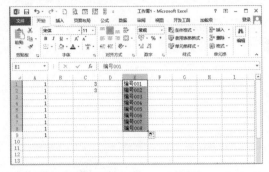

2.3.5 自定义填充序列

为了更轻松地输入特定的数据序列，可以创建自定义填充序列。自定义填充序列可以基于工作表中已有项目的列表，也可以从头开始输入列表。Excel内置的填充序列不能编辑或删除，可以编辑或删除自定义填充序列。自定义填充序列的方法如下：

01 **选择项目列表** 选中工作表中所填充的等差数列所在的单元格区域，如下图所示。

02 **选择"序列"命令** 单击"开始"选项卡下"编辑"组中的"填充"下拉按钮，在弹出的下拉列表中选择"序列"命令，如下图所示。

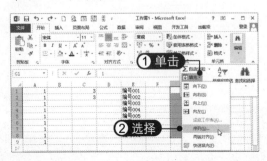

03 **设置序列选项** 弹出"序列"对话框，选中"类型"选项区中的"等比序列"单选按钮，在"步长值"文本框中输入2，单击"确定"按钮，如下图所示。

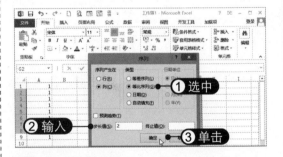

04 **查看填充效果** 此时所选中的等差数列就会转换为步长值为2的等比数列，如下图所示。

2.4 编辑数据

在制作表格时，常常需要对其中的数据进行编辑，如修改数据、选择性粘贴数据、撤销和恢复数据、查找和替换数据等，下面将详细介绍如何编辑数据。

2.4.1 修改数据

在制作的表格中输入大量数据时，难免会出现输入错误的情况，此时需要对输入的数据进行编辑操作，纠正错误，具体操作方法如下：

01 **选择要修改的单元格** 打开素材文件，选中需要修改的单元格，如下图所示。

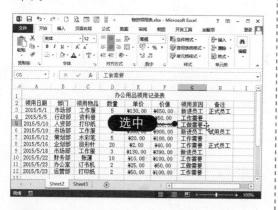

02 **修改数据** 直接输入正确的数据，按【Enter】键或单击其他单元格进行确认，如下图所示。

03 **通过编辑栏进行修改** 选中需要修改的单元格，将光标定位至编辑栏中，如下图所示。

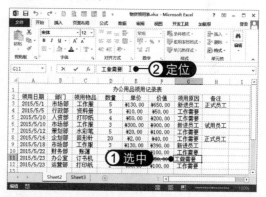

04 **修改数据** 删除错误数据并输入正确的文本，单击"输入"按钮，如下图所示。

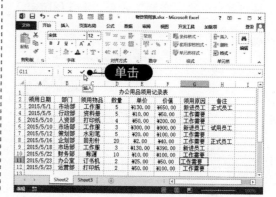

2.4.2 撤销和恢复数据

在制作表格的过程中，若执行了错误的操作，可以通过撤销功能将其撤销至操作前的状态。使用撤销功能后，还可以通过恢复功能将数据恢复为操作后的状态，具体操作方法如下：

01 输入数据 打开素材文件，在 H9 单元格中输入数据，按【Enter】键确认。如果发现输入错误，可单击"撤销"按钮，如下图所示。

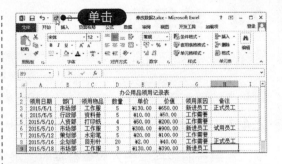

03 恢复操作 此时即可看到数据恢复为撤销前的状态，如下图所示。

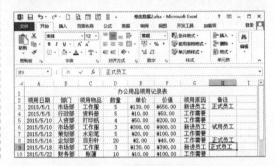

02 撤销输入 此时即可看到撤销后的效果。若发现撤销前是正确的，可单击"恢复"按钮，如下图所示。

2.4.3 查找和替换数据

在制作包含大量数据的工作表时，有时会遇到需要大量改动具体的某一项数据的情况，此时可以使用查找和替换操作来完成，下面将介绍查找和替换数据的方法。

01 选择"替换"命令 打开素材文件，单击"开始"选项卡下"编辑"组中的"查找和选择"下拉按钮，在弹出的下拉列表中选择"替换"命令，如下图所示。

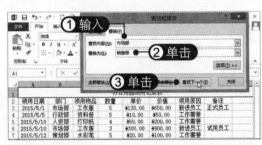

03 显示查找到的内容 此时即可看到查找到的包含"市场部"的单元格，单击"查找和替换"对话框中的"替换"按钮，如下图所示。

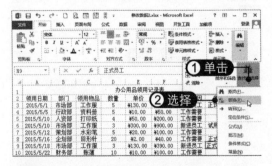

02 输入查找和替换内容 弹出"查找和替换"对话框，在"查找内容"下拉列表框中输入"市场部"，在"替换为"下拉列表框中输入"销售部"，单击"查找下一个"按钮，如下图所示。

04 **替换内容** 此时即可看到该单元格中的"市场部"替换为"销售部"，并自动查找下一处包含该内容的单元格，然后单击"替换"按钮，如下图所示。

06 **确认替换操作** 弹出提示信息框，单击"确定"按钮即可，如下图所示。

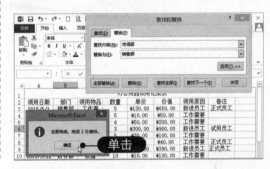

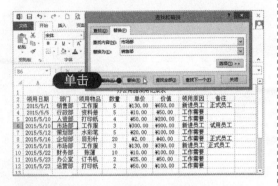

05 **单击"全部替换"按钮** 查看替换后的效果，单击"查找和替换"对话框中的"全部替换"按钮，如下图所示。

2.4.4 选择性粘贴

在进行数据复制与粘贴操作时，若仅粘贴所复制数据的特定部分（如格式、值），可以使用选择性粘贴。下面将以粘贴格式为例进行介绍，具体操作方法如下：

01 **单击"复制"按钮** 选择单元格区域，在"剪贴板"组中单击"复制"按钮，如下图所示。

03 **选择粘贴选项** 弹出对话框，选择所需的粘贴选项。在此选中"格式"单选按钮，单击"确定"按钮，如下图所示。

02 **选择"选择性粘贴"命令** 切换到新工作表，选择粘贴位置，单击"粘贴"下拉按钮，选择"选择性粘贴"命令，如下图所示。

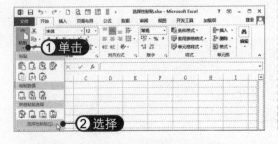

04 **查看粘贴效果** 此时，即可在单元格中只粘贴单元格格式，如下图所示。

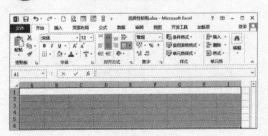

工作表的格式
设置与美化

工作表的格式设置与美化虽然不涉及内容，却是设计特定工作表格式的必要操作，在各种实际应用情景下都要用到。本章将学习工作表基本操作、设置单元格格式，设置对齐格式，格式化表格，使用单元格样式，以及使用条件格式等知识。

本章要点

- 工作表基本操作
- 设置单元格格式
- 设置对齐方式
- 格式化单元格
- 文字拼音
- 表格样式的应用
- 单元格样式的应用
- 条件格式的应用

知识等级

Excel 初级读者

建议学时

建议学习时间为 80 分钟

3.1　工作表基本操作

> Excel 工作簿由多个工作表组成，每个工作表都是一个由若干行和列组成的二维表格，是 Excel 进行一次完整作业的基本单位，它能够存储包含字符串、数字、公式、图表和声音等丰富的信息或数据。

3.1.1　新建和删除工作表

在 Excel 2013 中，新建的空白工作簿中只有 1 个工作表，用户可以根据需要添加或删除工作表。

1. 新建工作表

下面将介绍如何插入一个空白工作表，可以采用以下两种方法：

方法一：

01 单击"新工作表"按钮　若要在快速插入一张新工作表，可单击工作表标签右侧的"新工作表"按钮⊕，如下图所示。

02 查看插入效果　新插入的工作表自动命名为 Sheet2，如下图所示。

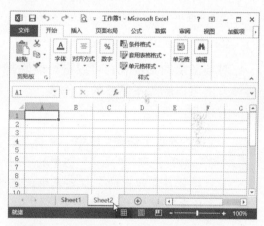

方法二：

若要在该工作表之前插入一张新的工作表，则单击"开始"选项卡下的"单元格"组中的"插入"下拉按钮，在弹出的下拉列表中选择"插入工作表"命令，也可在当前工作表前插入一个新工作表，如右图所示。

知识加油站

按【Ctrl+PageUp】组合键，即可切换工作表。

方法三：

01 **选择"插入"命令** 右击任意工作表标签，在弹出的快捷菜单中选择"插入"命令，如下图所示。

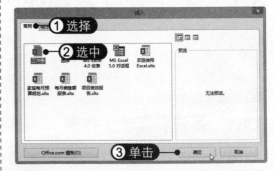

02 **选择插入类型** 弹出"插入"对话框，选择"常用"选项卡，选中"工作表"图标，单击"确定"按钮，如下图所示。

03 **查看插入效果** 新插入的工作表按照顺序自动命名，如下图所示。

2．删除工作表

对与多余的工作表，可以进行删除操作，避免多工作表造成工作失误。采用下面两种方法可以删除不需要的工作表：

方法一：

01 **选择"删除工作表"命令** 单击"开始"选项卡下"单元格"组中的"删除"下拉按钮，在弹出的下拉列表中选择"删除工作表"命令，如下图所示。

03 **查看删除效果** 此时该工作表即被删除，如下图所示。

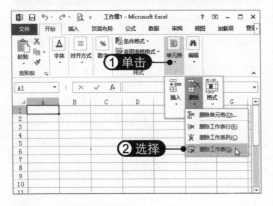

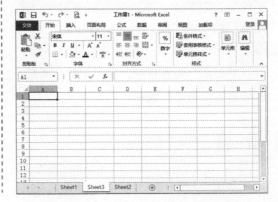

02 **确认删除操作** 弹出提示信息框，单击"删除"按钮，如下图所示。

方法二：使用快捷菜单删除

右击工作表标签，在弹出的快捷菜单中选择"删除"命令，然后在弹出的提示信息框中确认删除，也可删除工作表，如右图所示。

知识加油站

一旦将工作表删除后，将无法再进行恢复，所以在删除工作表时一定要慎重。

3.1.2 移动和复制工作表

用户可以在一个工作簿中移动或复制工作表，也可以在不同的工作簿间移动和复制工作表。

移动工作表的具体操作方法如下：

方法一：

01 **选择"移动或复制"命令** 在工作表标签上右击，在弹出的快捷菜单中选择"移动或复制"命令，如下图所示。

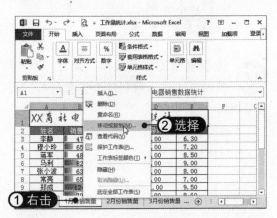

02 **选定工作表位置** 弹出"移动或复制工作表"对话框，选择"下列选定工作表之前"列表框中的目标工作表选项，然后单击"确定"按钮，如下图所示。

03 **查看移动效果** 此时工作表的位置已经发生变化，如下图所示。

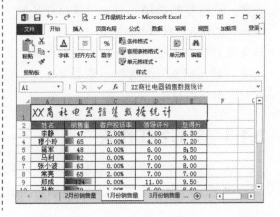

方法二：

01 通过拖动鼠标移动工作表　拖动要移动的工作表标签到目标位置，如下图所示。

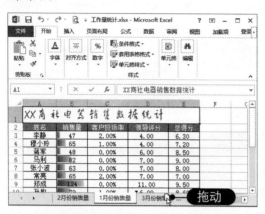

复制工作表的具体操作方法如下：

01 选择复制命令　单击"开始"选项卡下"单元格"组中的"格式"下拉按钮，在弹出的下拉列表中选择"移动或复制工作表"命令，如下图所示。

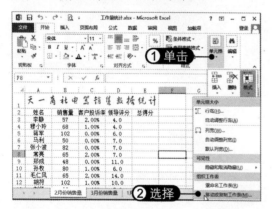

02 设置复制选项　弹出"移动或复制工作表"对话框，选择"下列选定工作表之前"列表框中的一个工作表选项，选中"建立副本"复选框，单击"确定"按钮，如下图所示。

02 查看移动效果　释放鼠标，即可完成移动操作，如下图所示。

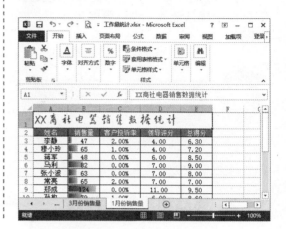

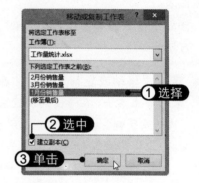

03 查看复制工作表效果　此时，即可在所选工作表前创建工作表副本，如下图所示。

3.1.3 重命名工作表

当一个工作簿中的工作表过多时，使用 Sheet1、Sheet2、Sheet3 这样的工作表名称很难区分不同的工作表，此时就可以为工作表重新命名。

01 选择"重命名"命令 右击工作表标签，在弹出的快捷菜单中选择"重命名"命令，如下图所示。

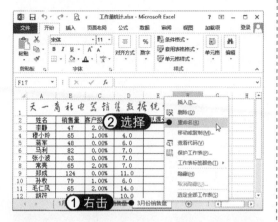

02 输入新工作表名 此时工作表标签可编辑，输入新名称，按【Enter】键或单击标签外的任何位置，如下图所示。

知识加油站

如果要快速重命名工作表，只需在其标签上双击鼠标左键即可。

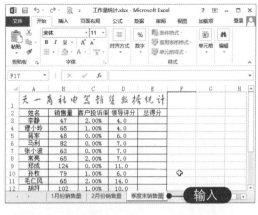

03 查看重命名效果 此时，即可查看重新命名后的工作表，如下图所示。

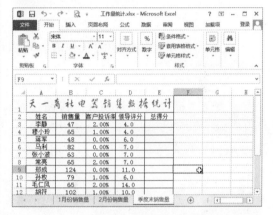

3.1.4 保护工作表

通过设置密码保护工作表，可以防止他人对工作表中的数据、图表项、对话框编辑项、Excel 宏表、图形对象等进行修改，这样就可以提高工作表的安全性，具体操作方法如下：

01 单击"保护工作表"按钮 单击"审阅"选项卡下"更改"组中的"保护工作表"按钮，如下图所示。

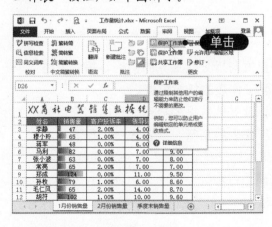

02 设置保护工作表 弹出"保护工作表"对话框，在文本框中输入密码，单击"确定"按钮，如下图所示。

03 确认密码 弹出"确认密码"对话框，再次输入密码，单击"确定"按钮，即可完成对工作表的保护，如下图所示。

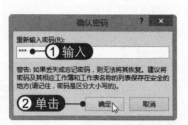

04 查看设置效果 此时再对此工作表数据进行更改时，将弹出提示信息框，提示用户无法更改，如下图所示。

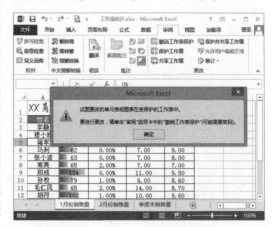

对于设置了密码保护的工作表，可以取消其密码保护。取消密码保护的操作方法如下：

01 单击"撤销工作表保护"按钮 单击"审阅"选项卡下"更改"组中的"撤销工作表保护"按钮，如下图所示。

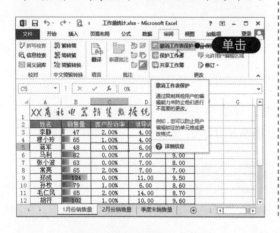

02 输入密码 弹出"撤销工作表保护"对话框，输入密码，单击"确定"按钮，即可撤销工作表保护，如下图所示。

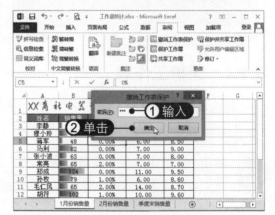

3.1.5 拆分和冻结工作表

拆分工作表就是将工作表按照水平和垂直方向拆分成独立的窗格，每个窗格都可以独立显示整个工作表，并且可以滚动到工作表的任意位置。

在滚动工作表时，如果想保持行号和列标及其他数据的显示，可以"冻结"工作表的顶端和左侧区域。可以设置只冻结工作表的顶行，或只冻结工作表的左侧列，或者同时冻结多个行和列。例如，如果冻结了行 1，然后又决定冻结列 A，则行 1 将无法再冻结。如果需要同时冻结这两个行和列，则必须选择同时冻结它们。下面将详细介绍拆分与冻结工作表的方法。

01 拆分工作表　选择需要拆分的工作表，在"视图"选项卡下"窗口"组中单击"拆分"按钮，如下图所示。

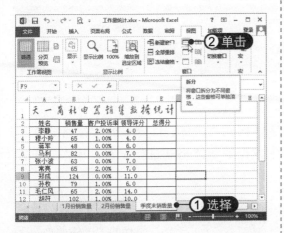

02 查看拆分效果　随后查看拆分工作表后的效果，如下图所示。

03 取消拆分　将鼠标指针移至拆分条上双击鼠标左键，如下图所示。

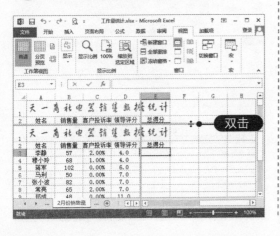

04 冻结窗格　查看取消拆分工作表后的效果。单击"冻结窗格"下拉按钮，在弹出的下拉列表中选择"冻结首行"命令，如下图所示。

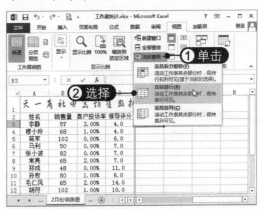

05 查看冻结效果　查看首行被冻结后的效果，如下图所示。

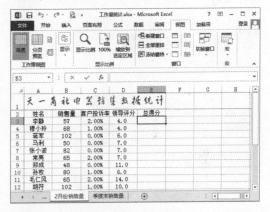

06 取消冻结窗格　单击"冻结窗格"下拉按钮，选择"取消冻结窗格"命令，即可取消冻结，如下图所示。

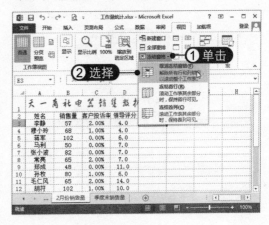

3.2 设置单元格格式

在 Excel 2013 中输入数据后，若想使表格中的数据变得更加美观，可以通过设置文字和数字格式、设置单元格对齐方式、设置边框和底纹、使用格式刷工具等来实现。

3.2.1 设置字体格式

在表格中输入数据后，默认情况下其字体格式为宋体、11 磅。此字体格式并不是固定不变的，用户可以根据需要对表格中数据的字体格式进行设置，具体操作方法如下：

01 **选择字体** 打开素材文件，选择单元格，单击"开始"选项卡下"字体"组中的"字体"下拉按钮，在弹出的列表框中选择需要的字体，如下图所示。

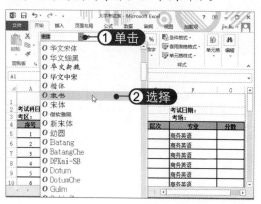

02 **选择字号** 单击"开始"选项卡下"字体"组中"字号"下拉按钮，在弹出的下拉列表中选择22，如下图所示。

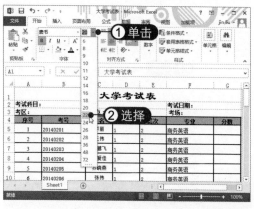

03 **设置字体颜色** 单击"开始"选项卡下"字体"组中的"字体颜色"下拉按钮，在弹出的颜色面板中选择"红色，着色 2，深色 25%"，如下图所示。

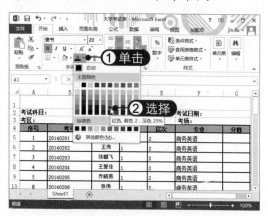

04 **查看设置效果** 返回工作表编辑区域，即可查看设置字体格式后的效果，如下图所示。

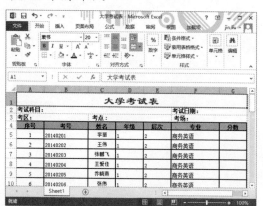

3.2.2 设置数字格式

数字格式用于数字的一般表示，可以指定要使用的小数位数，是否使用千位分隔符，以及如何显示负数等。设置数字格式的具体操作方法如下：

01 选中单元格区域　选择要设置数字格式的单元格区域，单击"开始"选项卡下"数字"组中的扩展按钮，如下图所示。

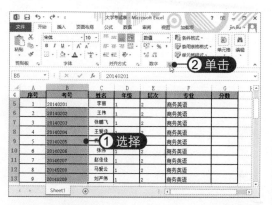

02 设置单元格格式　弹出"设置单元格格式"对话框，在"分类"列表框中选择"数值"命令，在"小数位数"数值框中输入 0，如下图所示。

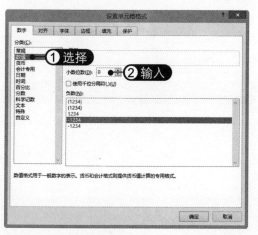

03 设置数值格式　选中"使用千位分隔符"复选框，其他采用默认设置，单击"确定"按钮，如下图所示。

04 查看设置效果　此时，即可查看设置数字格式后的表格效果，如下图所示。

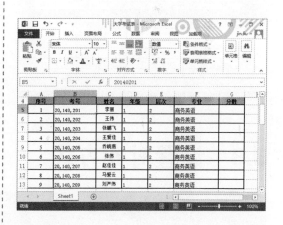

3.2.3 使用格式刷

在编辑工作表的过程中，经常会有多个单元格的格式一致，若逐一设置单元格的格式，就等于多次进行重复的工作，既麻烦又容易出错，这时就可以使用格式刷工具，具体操作方法如下：

01 选择字体　选中 A2 单元格，单击"字体"组中的"字体"下拉按钮，选择需要的字体，如下图所示。

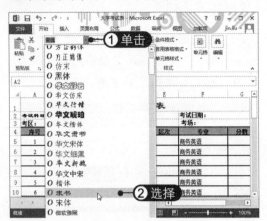

02 单击"格式刷"按钮　单击"开始"选项卡下"剪贴板"组中的"格式刷"按钮，如下图所示。

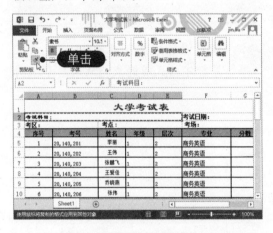

03 选中单元格区域　此时鼠标指针变为刷子形状，单击要设置格式的单元格，或拖动鼠标选中一个单元格区域，如下图所示。

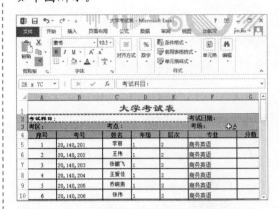

04 查看设置效果　此时，即可查看使用格式刷快速设置单元格格式后的效果，如下图所示。

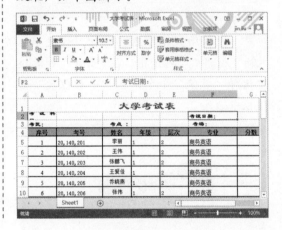

3.3　设置对齐方式

在 Excel 2013 中，文字的对齐是相对单元格的边框而言的。默认情况下，单元格中的文本是左对齐，数字是右对齐，用户也可以根据自己的需要对单元格中内容的对齐方式进行修改。

3.3.1　设置水平和垂直对齐方式

对齐方式包括水平对齐和垂直对齐两种，用户可以设置多种对齐方式，具体操作方法如下：

方法一：使用功能区按钮设置对齐方式

01 单击"居中"按钮 选择要设置对齐的单元格区域,单击"开始"选项卡下"对齐方式"组中的"居中"按钮,如下图所示。

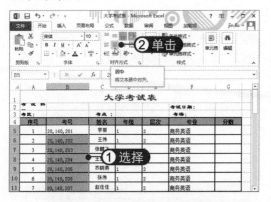

02 查看居中对齐效果 此时,即可查看单元格内容居中对齐后的表格效果,如下图所示。

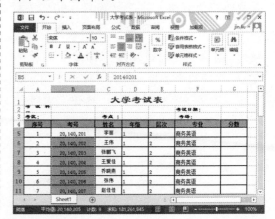

方法二:使用对话框设置对齐方式

如果功能区中的对齐工具按钮不能满足用户的需要,还可以使用对话框进行设置,具体操作方法如下:

01 选择单元格区域 选中要设置对齐方式的单元格区域,单击"对齐方式"组中的扩展按钮,如下图所示。

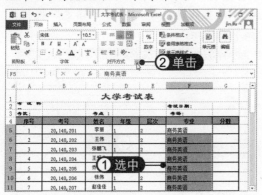

02 设置水平对齐方式 弹出对话框,选择"对齐"选项卡,在"水平对齐"下拉列表框中选择"居中"选项,如下图所示。

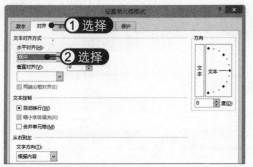

03 设置垂直对齐方式 在"垂直对齐"下拉列表框中选择"居中"选项,单击"确定"按钮,如下图所示。

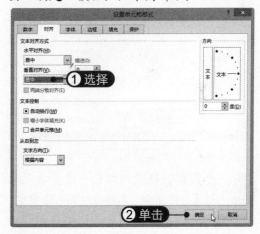

04 查看对齐效果 查看重新设置对齐方式后的效果,如下图所示。

3.3.2 设置旋转文本

利用 Excel 2013 提供的旋转文本功能可以改变单元格中文本的方向，用户可以根据需要将单元格文本旋转-90°~90°（默认的文本方向为0°）。

方法一：使用功能区按钮设置

01 选择"逆时针角度"命令 选择要旋转的单元格，单击"对齐方式"组中的"方向"下拉按钮 ，选择"逆时针角度"命令，如下图所示。

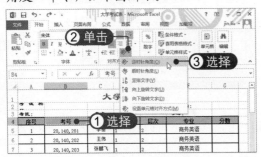

02 查看旋转效果 此时可查看逆时针角度旋转后的文本效果，如下图所示。

方法二：使用对话框设置

01 选择单元格区域 选择要旋转的单元格区域，单击"开始"选项卡下"数字"组中的扩展按钮，如下图所示。

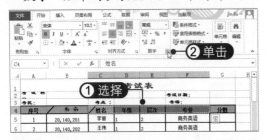

02 设置对齐格式 弹出"设置单元格格式"对话框，选择"对齐"选项卡，在"方向"选项区中单击或拖动右侧"文本"旋转框中的度量指针，如下图所示。

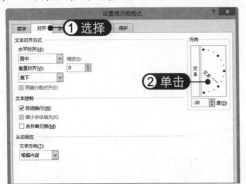

03 设置角度数值 或在"度"数值框中输入合适的旋转度数，如输入-45，即可设置旋转角度，单击"确定"按钮，如下图所示。

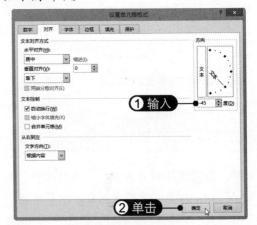

04 查看旋转效果 此时即可查看旋转文本效果，如下图所示。

3.4 格式化单元格

格式化单元格就是对单元格的外观进行调整，使之更加美观。下面将详细介绍格式化单元格的相关知识。

3.4.1 调整行高和列宽

行高是指工作簿中单元格的竖直高度，列宽是指单元格的水平宽度。在进行表格处理时，需要根据实际的内容调整行高和列宽。下面以调整列宽为例进行详细介绍。

方法一：使用鼠标调整

01 调整列宽 将鼠标指针移到需要改变列宽的两个列标之间，当指针变为双箭头形状时向左或向右拖动鼠标，即可将列宽调整到所需的宽度，如下图所示。

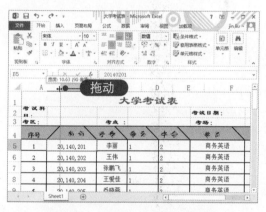

02 查看调整效果 调整到合适的宽度后松开鼠标，即可查看调整后的效果，如下图所示。

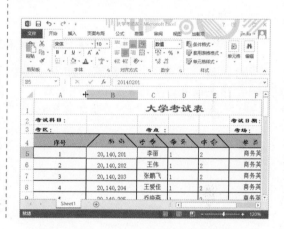

方法二：使用快捷菜单调整

01 选择目标单元格 继续前面进行操作，选择需要改变列宽的单元格区域，如下图所示。

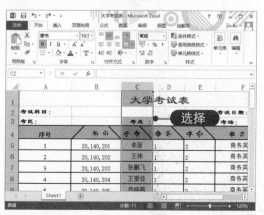

02 选择"列宽"命令 在所选单元格区域上右击，在弹出的快捷菜单中选择"列宽"命令，如下图所示。

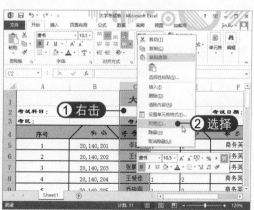

03 设置列宽 弹出"列宽"对话框，在"列宽"文本框中输入 10，单击"确定"按钮，如下图所示。

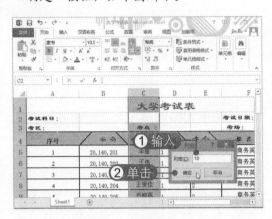

04 查看调整效果 此时，即可查看精确设置列宽后的表格效果，如下图所示。

3.4.2 设置单元格边框

单元格边框就是组成单元格的四条线段。尽管在工作表中输入数据时有表格线，但这些表格线是 Excel 中的网格线。设置单元格边框的具体操作方法如下：

01 选择"设置单元格格式"命令 选中要设置边框的单元格区域并右击，在弹出的快捷菜单中选择"设置单元格格式"命令，如下图所示。

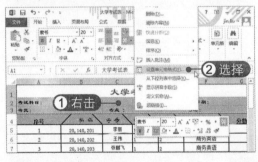

02 设置边框样式 弹出对话框，选择"边框"选项卡，在"样式"列表中选择一种线条，设置边框颜色，如下图所示。

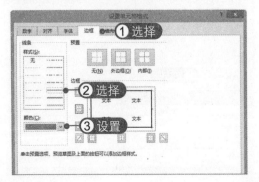

03 单击边框按钮 在"预置"选项区依次单击"外边框"和"内部"按钮，单击"确定"按钮，如下图所示。

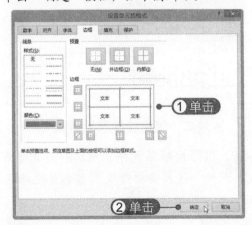

04 查看边框效果 调整文字倾斜的角度和列宽，以适应边框，最终效果如下图所示。

3.4.3　设置单元格背景色和图案

在使用 Excel 2013 进行表格处理时，为了使工作表中的数据突出显示，可以设置单元格的背景色或图案，以强调单元格的重要性，具体操作方法如下：

01　选择"设置单元格格式"命令　选择要设置背景的单元格区域并右击，在弹出的快捷菜单中选择"设置单元格格式"命令，如下图所示。

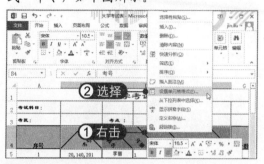

02　设置填充格式　弹出"设置单元格格式"对话框，选择"填充"选项卡，在"背景色"列表中选择合适的颜色，单击"确定"按钮，如下图所示。

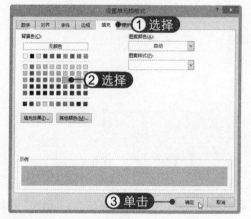

03　查看填充效果　此时可查看为单元格填充背景色后的效果，如下图所示。

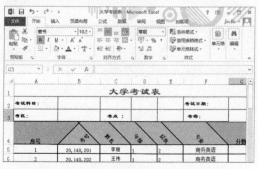

04　选择图案颜色和样式　在"设置单元格格式"对话框中选择"填充"选项卡，在"图案颜色"下拉列表框中选择一种颜色，在"图案样式"下拉列表框中选择一种样式，然后单击"确定"按钮，如下图所示。

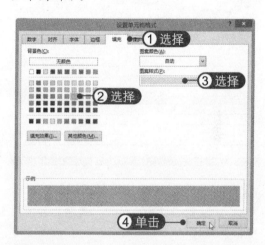

05　查看填充效果　此时，即可查看单元格填充图案后的表格效果，如下图所示。

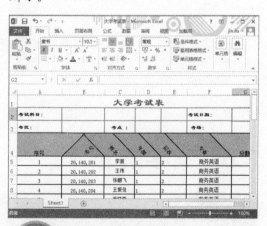

知识加油站

在使用拖动的方法调整行高或列宽时，会实时地显示行高或列宽的像素数。

3.4.4 设置工作表的背景图

在 Excel 2013 中，除了设置单元格的背景色和图案外，还可以为整个工作表添加背景图，具体操作方法如下：

01 **单击"背景"按钮** 打开素材文件，选择"页面布局"选项卡，单击"页面设置"组中的"背景"按钮，如下图所示。

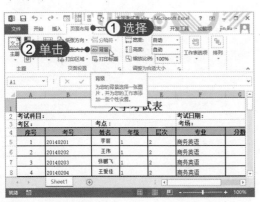

02 **插入图片** 弹出"插入图片"对话框，选择"来自文件"选项，如下图所示。

03 **选择背景图片** 弹出"工作表背景"对话框，选择背景图片，然后单击"插入"按钮，如下图所示。

04 **查看设置效果** 此时，即可查看插入背景图片后的表格效果，如下图所示。

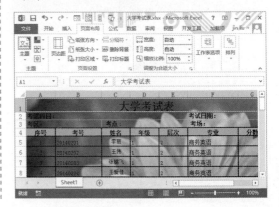

3.5 文字拼音

有时需要对文本添加拼音，Excel 2013 也提供了文字拼音功能，可以实现拼音的相关编辑操作。

3.5.1 添加拼音

在 Excel 2013 中可以给工作表中的文字添加拼音，并设置拼音是否显示以及显示方式等。添加拼音的具体操作方法如下：

01 选择"编辑拼音"命令　打开素材文件，单击"开始"选项卡下"字体"组中的"显示或隐藏拼音字段"下拉按钮，选择"编辑拼音"命令，如下图所示。

02 输入拼音　这时所选单元格中的文字会变为绿色，并在上面出现一个小的文本编辑框，在此可以输入要添加的拼音，并按【Enter】键确认即可，如下图所示。

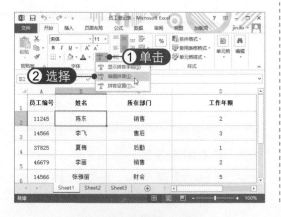

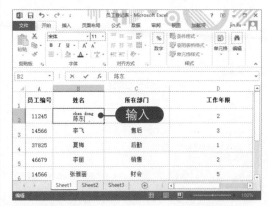

3.5.2　显示和隐藏拼音

添加拼音后，可以设置是否在文档窗口中显示拼音信息，具体操作方法如下：

01 选择"显示拼音字段"命令　选中要显示或隐藏拼音信息的单元格，单击"字体"组中的"显示或隐藏拼音字段"下拉按钮，选择"显示拼音字段"命令，如下图所示。

02 查看显示效果　此时添加的拼音就会显示出来，如下图所示。

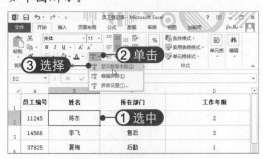

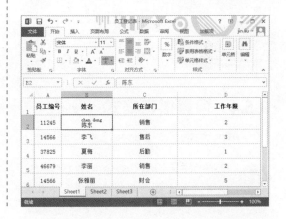

3.5.3　编辑拼音字段

添加拼音后可以对其进行各种编辑操作，如果需要将文本的大小写快速更改为全部大写、全部小写或（常规）首字母大写格式，可使用快速填充，不必重新输入所有文本。对于不一致的文本，可使用函数来更改现有文本的大小写，如 PROPER 函数。

编辑拼音字段的具体操作方法如下：

01 选择"编辑拼音"命令 单击"字体"组中的"显示或隐藏拼音字段"下拉按钮 ，在弹出的下拉列表中选择"编辑拼音"命令，如下图所示。

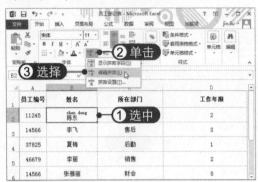

02 编辑拼音内容 这时所选单元格的文字会变为绿色，且拼音文本框被激活，处于编辑状态，如下图所示。

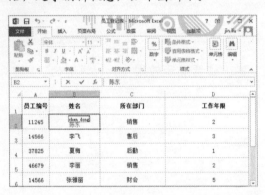

03 重新输入 在拼音文本框中重新输入拼音内容，如下图所示。

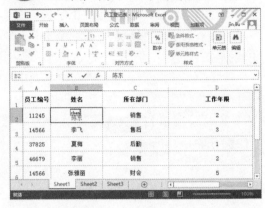

04 查看编辑效果 输入完毕后按两次【Enter】键确认，即可查看编辑效果，如下图所示。

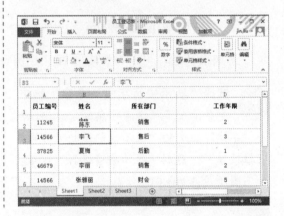

3.5.4 设置拼音格式

用户还可以对添加的拼音设置不同的格式，具体操作方法如下：

01 选择"拼音设置"命令 单击"字体"组中"显示或隐藏拼音字段"下拉按钮 ，选择"拼音设置"命令，如下图所示。

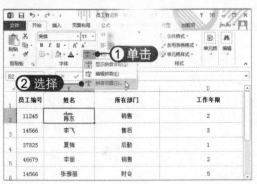

02 设置对齐方式 弹出"拼音属性"对话框，选择对齐方式，如下图所示。

03 **选择字体** 选择"字体"选项卡，设置字体格式，单击"确定"按钮，如下图所示。

04 **查看设置效果** 返回工作表，即可查看设置拼音字体格式后的变化，如下图所示。

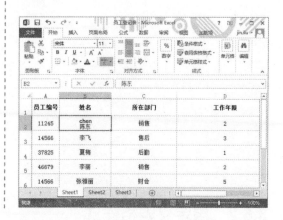

3.6 表格样式的应用

通过套用表格样式可以将工作表中的数据转换为表格并添加表格样式，还可根据需要设计所需的表格样式。将数据转换为表格后可将其独立于该表格外的数据，以方便进行管理和分析。

3.6.1 应用表样式

在 Excel 2013 中预设了多款表格样式，不同的样式有不同的边框、条纹、颜色及字体格式，用户可以从中选择所需的样式，具体操作方法如下：

01 **单击"套用表格格式"按钮** 打开素材文件，选中要套用格式的单元格区域，单击"开始"选项卡下"样式"组中的"套用表格格式"按钮，如下图所示。

02 **选择套用格式** 在弹出的下拉列表中选择一种套用格式，如"表样式浅色11"，如下图所示。

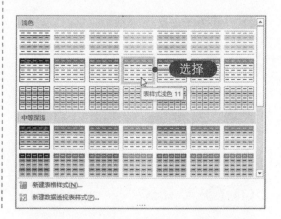

03 设置套用格式 弹出"套用表格式"对话框,选中"表包含标题"复选框,单击"确定"按钮,如下图所示。

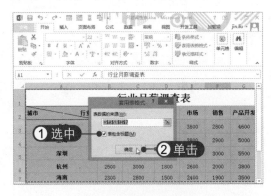

04 查看应用格式效果 此时,即可查看应用格式后的表格效果,如下图所示。

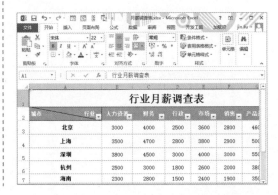

3.6.2 自定义表格样式

如果 Excel 2013 预设的表格样式不能满足需求,还可以创建新的表格样式,自定义表格中各元素的格式。自定义表格样式的具体操作方法如下:

01 选择"新建表格样式"命令 打开格式化列表,在格式列表中选择"新建表格样式"命令,如下图所示。

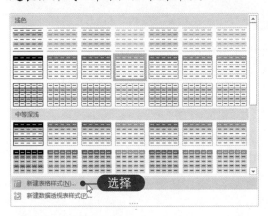

02 设置样式名称 弹出对话框,在"名称"文本框中输入名称,在"表元素"列表框中选择要改变格式的元素,然后单击"格式"按钮,如下图所示。

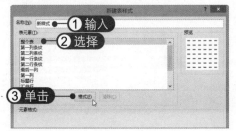

03 设置边框格式 弹出"设置单元格格式"对话框,选择"边框"选项卡,设置边框样式、颜色等,如下图所示。

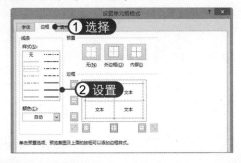

04 设置填充格式 选择"填充"选项卡,选择所需的背景色,然后单击"确定"按钮,如下图所示。

05 选择其他表元素　返回"新建表样式"对话框,重新选择其他表元素,单击"格式"按钮,如下图所示。

06 设置标题行格式　设置表格标题行格式,可只设置外边框,如下图所示。

07 设置标题行背景色　通常为标题行设置不同的背景色,单击"确定"按钮,如下图所示。

08 应用样式　选择要套用格式的单元格区域,单击"套用表格格式"下拉按钮,在弹出的下拉列表中选择新样式,如下图所示。

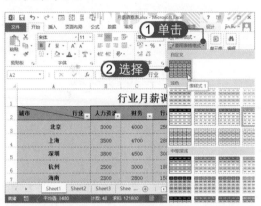

09 查看应用表格样式效果　此时即可查看应用自定义样式后的表格效果,如下图所示。

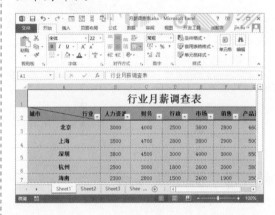

知识加油站

　　单元格区域套用表格样式以后,该区域就会由区域转换为表格,这时在功能区会出现"设计"选项卡,在该选项卡中可对表格的选项进行各种设置。

3.7　单元格样式的应用

样式就是 Excel 中一组可以定义并保存的格式集合，如字体、字号、颜色、边框、底纹、数字格式和对齐方式等。对单元格进行编辑时，如果要保持对应的单元格格式一致，就可以使用样式。用户可以使用内置的样式，也可以创建新的单元格样式。

3.7.1　应用单元格样式

在 Excel 2013 中提供了一组预设的样式，用户可以直接应用，以快速创建具有某种风格的表格。在表格中直接应用样式的具体操作方法如下：

01 选择一种样式　选中要套用格式的单元格区域，单击"样式"组中的"单元格样式"下拉按钮，选择一种样式，如下图所示。

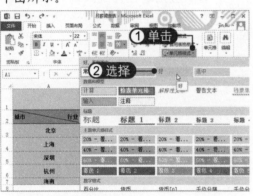

02 查看应用样式效果　此时，即可查看直接应用已有样式后的效果，如下图所示。

3.7.2　创建新样式

如果对系统提供的样式不满意，还可以自己创建新的样式，具体操作方法如下：

01 单击"单元格样式"下拉按钮　单击"开始"选项卡下"样式"组中的"单元格样式"下拉按钮，如下图所示。

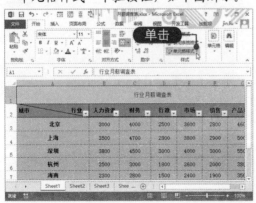

02 选择"新建单元格样式"命令　在弹出的下拉列表中选择"新建单元格样式"命令，如下图所示。

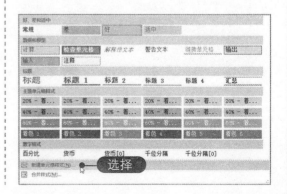

03 **输入新样式名** 弹出对话框，输入样式名，单击"格式"按钮，如下图所示。

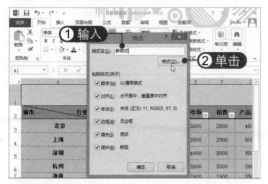

04 **设置单元格样式** 弹出对话框，对数字、对齐、字体、边框、填充等进行设置，单击"确定"按钮，如下图所示。

05 **应用新样式** 返回"样式"对话框，单击"确定"按钮，如下图所示。

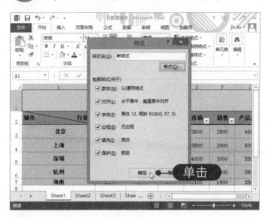

06 **应用自定义样式** 在"样式"下拉列表中选择新建的样式，即可使用自定义的单元格样式，如下图所示。

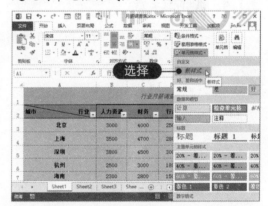

3.7.3 修改样式

样式创建完成后，若需再次使用，由于具体要求不同，就需要对原有的样式进行修改。修改样式的具体操作方法如下：

01 **选择"修改"命令** 单击"样式"组中的"单元格样式"下拉按钮，右击要修改的样式，选择"修改"命令，如下图所示。

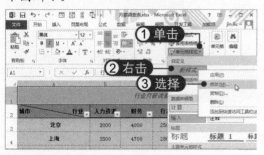

02 **设置新样式名** 弹出"样式"对话框，在"样式名"文本框中输入新的样式名，单击"格式"按钮，如下图所示。

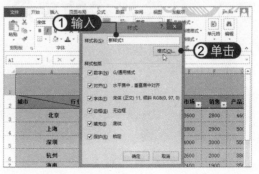

03 设置单元格格式 弹出"设置单元格格式"对话框，对数字、对齐、字体、边框、填充等进行修改设置，单击"确定"按钮，如下图所示。

04 应用样式效果 返回"样式"对话框，单击"确定"按钮，即可查看修改后的样式效果，如下图所示。

3.7.4 删除样式

当不再需要某种样式时，可以直接将其删除，具体操作方法如下：

01 单击"单元格样式"下拉按钮 单击"开始"选项卡下"样式"组中的"单元格样式"下拉按钮，如下图所示。

02 选择"删除"命令 弹出下拉列表，右击"自定义"选项区中的"新样式1"选项，选择"删除"命令，即可删除自定义的样式，如下图所示。

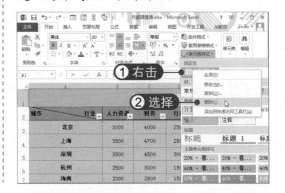

3.8 条件格式的应用

条件格式是一种自定义的带有条件的单元格格式，是一种"动态"变化的格式。如果条件满足，Excel 便自动将该格式应用到符合条件的单元格中；如果条件不满足，则单元格不应用该格式。

3.8.1 设置三色条件格式

三色刻度使用三种颜色来帮助用户比较某个区域的单元格，不同的颜色表示不同的数值。设置三色条件格式的具体操作方法如下：

01 **选择单元格区域** 选择要设置格式的单元格区域，如下图所示。

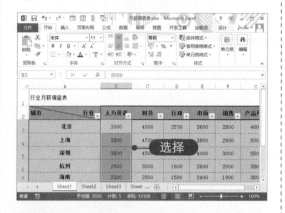

02 **选择"新建规则"命令** 单击"开始"选项卡下"样式"组中的"条件格式"下拉按钮，选择"新建规则"命令，如下图所示。

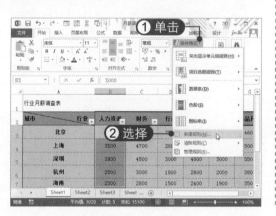

03 **设置格式规则** 弹出对话框，设置"格式样式"为"三色刻度"，设置"最小值"为红色，设置"中间值"为黄色，设置"最大值"为绿色，单击"确定"按钮，如下图所示。

04 **查看设置效果** 此时可查看使用三色刻度格式后的表格效果，如下图所示。

3.8.2 使用数据条格式

数据条的长度代表单元格中的值。数据条越长，值越大；数据条越短，值越小。在观察大量数据中的较大值和较小值时，数据条尤其有用。使用条件格式可以帮助用户直观地查看和分析数据，发现关键问题，以及识别模式和趋势。

在创建条件格式时，只能引用同一工作表上的其他单元格；有些情况下也可以引用当前打开的同一工作簿中其他工作表上的单元格。不能对其他工作簿的外部引用使用条件格式。使用数据条格式的具体操作方法如下：

01 **选择单元格区域** 选择要设置格式的单元格区域，如下图所示。

02 **单击"条件格式"下拉按钮** 单击"开始"选项卡下"样式"组中的"条件格式"下拉按钮，如下图所示。

03 **选择数据条样式** 选择"数据条"选项，在弹出的数据条列表中选择一种样式，如下图所示。

04 **查看设置效果** 此时可查看使用数据条样式后的表格效果，如下图所示。

3.8.3　更改条件格式

用户可以根据需要对已经设置的条件格式进行更改，具体操作方法如下：

01 **选择"管理规则"命令** 选择应用条件格式的单元格区域，单击"开始"选项下"样式"组中的"条件格式"下拉按钮，选择"管理规则"命令，如下图所示。

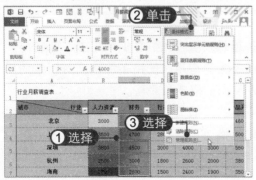

02 **设置应用区域** 弹出"条件格式规则管理器"对话框，单击对应规则的折叠按钮，可以重新选择应用的单元格。要修改规则本身，则单击"编辑规则"按钮，如下图所示。

03 修改格式 弹出"编辑格式规则"对话框,重新设置规则格式,单击"确定"按钮,如下图所示。

04 查看设置效果 返回"条件格式规则管理器"对话框,单击"确定"按钮,即可查看修改条件格式后发生的变化,如下图所示。

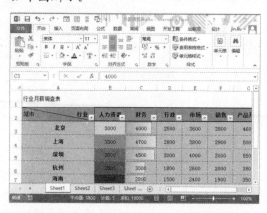

3.8.4 删除条件格式

如果要删除已经存在的某种条件格式,可以按以下方法进行操作:

01 清除所选单元格的规则 选择应用条件格式的单元格区域,单击"样式"组中的"条件格式"下拉按钮,选择"清除规则" | "清除所选单元格的规则"选项,如下图所示。

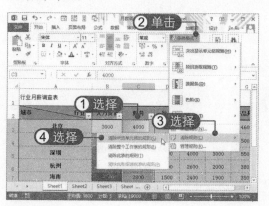

02 查看清除格式效果 此时,即可查看清除格式后的效果。清除格式后,单元格恢复为 Excel 2013 的默认格式,如下图所示。

Chapter 04

公式和函数的应用

Excel 2013 中内置了大量的函数，使用这些函数可以对工作表中的数据进行各种运算。在分析与处理数据时，公式和函数扮演着重要的角色，熟练地使用公式和函数可以大大提高工作效率。本章将详细介绍 Excel 2013 中公式与函数的应用与技巧。

本章要点

- ◎ 认识公式和函数
- ◎ 使用公式
- ◎ 函数的应用
- ◎ 单元格的引用

知识等级

Excel 中级读者

建议学时

建议学习时间为 80 分钟

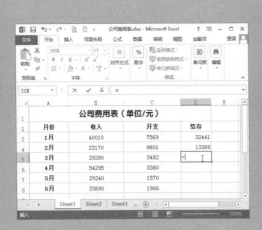

4.1 认识公式和函数

公式与函数是 Excel 在分析与处理数据时的重要工具，本章将详细介绍函数与公式的相关知识，其中包括认识公式和函数的基本知识，公式和函数的简单应用，以及单元格的引用等。

4.1.1 认识公式

公式是 Excel 重要的应用工具，方便了用户处理各类数据。Excel 2013 中的公式可以是简单的数学公式，也可以是包含各种 Excel 函数的式子。只有准确地了解了公式的应用规则，才能准确地使用公式。

1. 运算符

运算符用于指定要对公式中的元素执行的计算类型，通常可以将运算符分为算术运算符、比较运算符、文本连接运算符以及引用运算符。

（1）算术运算符

算术运算符主要用来进行基本的数学运算、合并数字以及生成数值结果，运算符的符号见下表。

运算符	运算符名称	示例
+	加号	1+1
-	减号	1-1
-	负号	-1
*	乘号	1*1
/	除号	1/1
%	百分号	1%
^	乘幂	2^2

（2）比较运算符

比较运算符用来比较两个数值，其结果为逻辑值，即 TRUE 或 FLASE，比较运算符的符号见下表。

运算符	运算符名称	示例
=	等号	A1=A2
>	大于号	A1>A2
>=	大于等于号	A1>=A2
<	小于号	A1<A2
<=	小于等于号	A1<=A2
<>	不等于号	A1<>A2

（3）文本连接运算符

使用文本连接运算符"&"可以加入或连接一个或多个文本字符串形成一串文本，文本连接运算符的符号见下表。

运算符	符号名称	示例
&	连接符号	"你好"&"北京"

（4）引用运算符

引用运算符用于表示运算符在工作表中位置的坐标，其运算符的符号见下表。

运算符	运算符名称及功能	示例
:（冒号）	区间运算符，包括两个引用单元格之间所有单元格	A1:F2
,（逗号）	联合操作符，将多个区域联合为一个引用	A1:A2,B1:B3
（空格）	交叉运算符，取两个区域的公共单元格	A1:B4 B2:C4 即是取 B2、B3、B4 单元格

2. 运算符的优先级

了解了运算符的符号以及功能，下面就来学习运算符的优先级别。当计算的公式中包含多个不同的运算符时，就需要使用某种特定规则指定哪种运算符优先计算，这就涉及到了运算符的优先级问题，见下表。

优先级	符号	运算符名称
1	:（冒号）	区间运算符
1	,（逗号）	联合操作符
1	（空格）	交叉运算符
2	-	负号
3	%	百分号
4	^	乘幂
5	*或/	乘号或除号
6	+或-	加号或减号
7	&	连接运算符
8	=或<>	等于号或不等于号
8	>或<	大于号或小于号
8	>=或<=	大于等于号或小于等于号

4.1.2 认识函数

函数是预先定义好的公式，运用一些称为参数的特定数据值按特定的顺序或结构进行计算，运用函数进行计算可简化公式的输入过程。Excel 2013 中提供了大量的内置函数，如求和、求平均值、求最大值、求最小值等。在编辑表格时使用这些内置函数可以节省时间，从而提高工作效率。

1．函数的组成

函数必须在公式中使用，因此函数以"="开始，后面是函数名和参数。

与公式不同的是，函数的参数需要用括号括起来，即函数名(参数 1,参数 2,参数 3……)。函数的参数可以是数值、文本、逻辑值或单元格引用，也可以是公式或其他函数。不同的函数需要的参数个数不同，有的函数需要两个或多个参数，有的函数只需一个参数，还有的函数不需要参数。这种没有参数的函数被称为无参函数。

函数的组成元素及其含义见下表。

函数的组成元素	含义
等号"="	表示后面跟着函数（公式）
函数名	表示将要执行的操作
参数	表示函数将作用的值的单元格地址

2．函数的分类

Excel 2013 提供了大量的内置函数，涉及许多工作领域，如数学、财务、统计和工程等，使用这些内置函数可以大大提高工作效率。根据函数功能分类见下表。

函数类型	功能
常用函数	列出了使用频率较高的函数，如求和、求平均值等
财务函数	用于进行财务计算
日期与时间函数	用于对日期和时间进行计算、修改和格式化处理
数学与三角函数	用于进行简单或复杂的数学计算
查找与引用函数	用于在工作表中查找特定的数据或引用公式中的特定信息
文本函数	用于在公式中处理字符串
逻辑函数	用于进行逻辑判断或条件检查
统计函数	用于对数据区域进行统计分析
工程函数	用于工程数据分析和处理，并在不同的计数体系和测量体系中进行转换
数据库函数	用于对数据表中的数据进行分类、查找和计算等
信息函数	用于对单元格或公式中的数据类型进行判定

4.2 使用公式

公式的使用不同于普通的文本，有其特定的要求。下面将介绍使用公式时必要的操作，如输入、修改与复制公式等。

4.2.1 输入公式

公式是以等号开始的，当在工作表空白处输入等号时，Excel 2013 默认在进行一个公式的输入过程。下面就来介绍公式的输入方法。

1. 在单元格中输入公式

在进行公式的输入时，可以直接在单元格中进行输入，具体操作方法如下：

01 **选择单元格** 打开素材文件，选择 D3 单元格，如下图所示。

02 **输入公式** 在单元格内输入公式 "=B3-C3"，如下图所示。

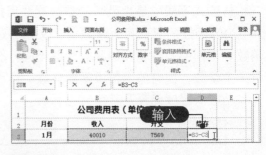

03 **显示结果** 按【Enter】键，即可在单元格中显示计算结果，如下图所示。

2. 在编辑栏中输入公式

除了在单元格中输入公式外，还可以在编辑栏中直接输入公式，具体操作方法如下：

01 **选择单元格** 选择 D4 单元格，如下图所示。

02 **输入公式** 将光标定位在编辑栏中，并在编辑栏中输入公式 "=B4-C4"，如下图所示。

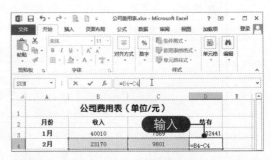

03 **显示结果** 按【Enter】键，即可在单元格中显示出计算结果，如下图所示。

3. 结合鼠标和键盘输入公式

结合鼠标和键盘输入公式是在数据运算时经常要用到的方法，操作起来也很简单，具体操作方法如下：

01 **输入等号** 选择 D5 单元格，输入运算符号 "="，如下图所示。

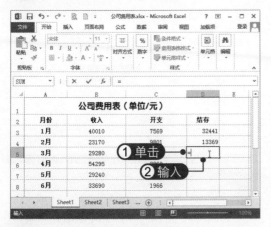

02 **选择要引用的单元格** 在工作表中选择要引用的单元格，在此选择 B5 单元格，如下图所示。

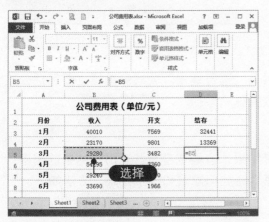

03 **输入运算符号** 在 D5 单元格中继续输入运算符号 "-"，如下图所示。

04 **继续运算** 再选择 C5 单元格，此时单元格内显示公式 "=B5-C5"，如下图所示。

05 **显示结果** 按【Enter】键，即可在单元格中显示出计算结果，如下图所示。

4. 在公式中使用括号

在公式计算中运算符号有一定的优先级别，若想更改运算顺序，可以借助括号来达到计算要求，具体操作方法如下：

01 **选择单元格** 依次计算出各月结存，然后选择 D9 单元格，如下图 所示。

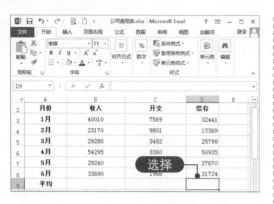

02 **输入公式** 在编辑栏中输入公式 "=(D3+D4+D5+D6+D7+D8)/6"，如下图所示。

03 **显示结果** 按【Enter】键，即可在单元格中显示出计算结果，如下图所示。

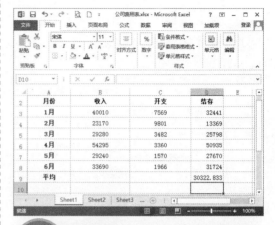

知识加油站

若要将公式和值全部删除，只需选择公式所在的单元格，然后按【Delete】键即可。若只删除公式，可复制公式所在的单元格，然后单击"粘贴"下拉按钮，选择"值"选项。

4.2.2 编辑公式

当输入公式后，还可以根据实际情况对公式进行编辑。公式的编辑主要包括公式的显示、修改、复制，以及将公式转换为数值等。

1. 隐藏和显示公式

默认情况下单元格中只显示公式的计算结果，当需要查看计算出该结果的相应计算公式时，就需要将公式显示出来。下面将介绍如何隐藏和显示公式，方法如下：

01 **查看单个公式** 选择 D3 单元格，此时即可在编辑栏中显示出计算公式，如下图所示。

02 **单击"显示公式"按钮** 选择"公式"选项卡，在"公式审核"组中单击"显示公式"按钮，如下图所示。

03 **显示多个公式** 此时所有单元格都会加宽，并在涉及公式运算的单元格中显示其公式，如下图所示。

04 **选择"设置单元格格式"命令** 选择需要隐藏公式的单元格，单击"开始"选项卡下"单元格"组中的"格式"下拉按钮，选择"设置单元格格式"命令，如下图所示。

05 **选中"隐藏"复选框** 弹出"设置单元格格式"对话框，选择"保护"选项卡，选中"隐藏"复选框，单击"确定"按钮，如下图所示。

06 **选择"保护工作表"命令** 单击"开始"选项卡下"单元格"组中的"格式"下拉按钮，选择"保护工作表"命令，如下图所示。

07 **设置保护工作表** 弹出"保护工作表"对话框，选中"保护工作表及锁定的单元格内容"复选框，在"取消工作表保护时使用的密码"文本框中输入密码，单击"确定"按钮，如下图所示。

08 **确认密码** 再次输入密码，以确保密码的正确性，单击"确定"按钮，如下图所示。

09 **查看隐藏公式效果** 单元格隐藏公式后，在编辑栏中就不会显示公式的内容，如下图所示。

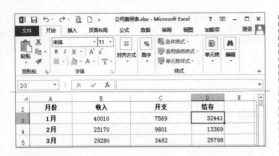

10 **取消公式保护** 单击"开始"选项卡下"单元格"组中的"格式"下拉按钮,在弹出的下拉列表中选择"撤销工作表保护"选项,如下图所示。

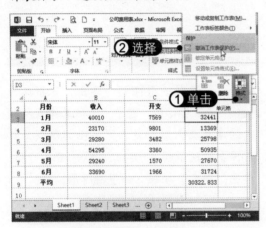

11 **撤销工作表保护** 弹出"撤销工作表保护"对话框,在"密码"文本框中输入正确的密码,然后单击"确定"按钮,如下图所示。

12 **查看显示效果** 撤销工作表保护后,又可以在编辑栏中看到公式了,如下图所示。

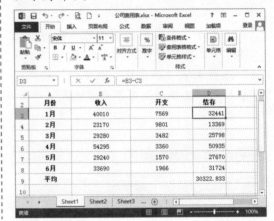

2. 修改公式

输入公式后,若发现公式中存在错误,还可以对公式进行修改,具体操作方法如下:

01 **双击单元格** 打开素材文件,双击要修改的F3单元格,将显示公式内容,如下图所示。

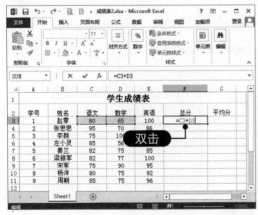

02 **修改公式** 根据需要对公式进行修改,如下图所示。

03 **显示结果** 按【Enter】键,即可显示修改公式后的结果,如下图所示。

3. 复制公式

在 Excel 2013 中，如果要在不同的单元格中输入同一个公式，可以对输入的公式进行复制。公式可以使用菜单命令进行复制，也可以通过拖动鼠标的方法进行复制。

方法一：使用按钮复制公式

01 **单击"复制"按钮** 打开素材文件，选择包含公式的单元格，单击"开始"选项卡下"剪贴板"组中的"复制"按钮，如下图所示。

02 **单击"粘贴"按钮** 选择需要复制公式的单元格，单击"开始"选项卡下"剪贴板"组中的"粘贴"下拉按钮，在弹出的下拉列表中单击"公式和数字格式"按钮，如下图所示。

方法二：使用填充柄复制公式

01 **拖动填充批量复制** 继续前面进行操作，拖动填充柄来实现批量复制公式，如下图所示。

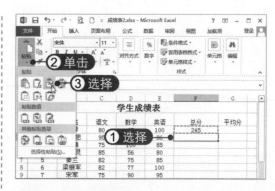

03 **查看复制效果** 在选择的单元格中出现公式的计算结果，如下图所示。

02 **查看复制公式结果** 此时，即可查看拖动填充柄后复制公式的计算结果，如下图所示。

方法三：使用快捷菜单复制公式

01 选择"复制"命令　继续前面进行操作，右击包含公式的单元格，在弹出的快捷菜单中选择"复制"命令，如下图所示。

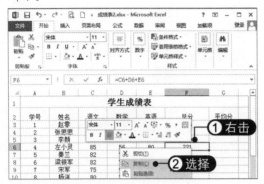

02 选择"选择性粘贴"命令　右击需要粘贴公式的单元格，在弹出的快捷菜单中选择"选择性粘贴"命令，如下图所示。

03 设置选择性粘贴　弹出"选择性粘贴"对话框，选中"粘贴"选项区中的"公式"单选按钮，然后单击"确定"按钮，如下图所示。

04 查看复制效果　此时，即可查看复制公式后的表格效果，如下图所示。

4.2.3　审核公式

在处理表格数据时，有时会因公式或函数的设置有其他人为因素造成单元格出现错误值。当出现错误值时，利用公式的审核功能 Excel 会给出提示，并指出错误的原因。

如果输入的公式有错误，那么 Excel 将显示一个错误值。在 Excel 公式中，一些常见的错误值和产生错误的原因见下表，可以根据这个表格来判断自己在哪里出现了错误，并进行相应的更改。

错误值	错误产生原因
#VALUE	需要数字或逻辑值时输入了文本
#DIV/0	除数为 0
#####!	公式计算的结果太长，超出了单元格的字符范围
#N/A	公式中没有可用的数值或缺少函数参数

续表

错误值	错误产生原因
#NAME?	使用了不存在的名称或名称的拼写有错误
#NULL!	使用了不正确的区域运算或不正确的单元格引用
#NUM!	使用了不能接收的参数
#REF!	删除了由其他公式引用的单元格

Excel 2013 使用一定的规则检查公式中出现的问题，这些规则对找出常见的公式错误大有帮助。检查工作表中公式错误的具体操作方法如下：

01 选择"错误检查"命令　打开工作簿，单击"公式"选项卡下"公式审核"组中的"错误检查"下拉按钮，在弹出的列表中选择"错误检查"命令，如下图所示。

02 查看错误检查提示　弹出"错误检查"提示信息框，根据需要单击相应的按钮进行操作即可，如下图所示。

4.3 函数的应用

在进行数据统计与计算时，往往需要用到 Excel 的函数功能，下面对函数的基本操作进行简单介绍。

4.3.1 插入函数

在 Excel 2013 中使用函数计算数据时，可以直接进行手动输入，也可以使用 Excel 自带的插入函数功能进行插入。插入函数的具体操作方法如下：

01 单击"插入函数"按钮　打开素材文件，选中 E3 单元格，然后单击"公式"选项卡下"函数库"组中的"插入函数"按钮，如下图所示。

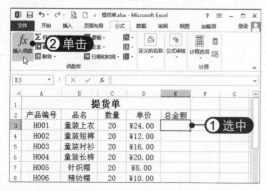

02 选择插入函数　弹出"插入函数"对话框，在"或选择类别："下拉列表框中选择"数学和三角函数"选项，然后在"选择函数"列表框中选择 PRODUCT，然后单击"确定"按钮，如下图所示。

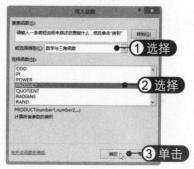

03 设置函数参数 弹出"函数参数"对话框，单击 Number1 文本框右侧的折叠按钮，如下图所示。

04 选择参数 此时"函数参数"对话框切换至最小化状态，选择 C3:D3 单元格区域，单击函数参数文本框右侧的折叠按钮，如下图所示。

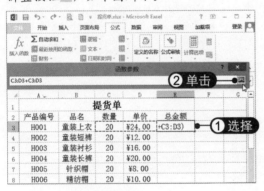

05 确认函数参数 返回"函数参数"对话框，即可看到 Number1 文本框右侧显示 C3 和 D3 单元格中的数据，单击"确定"按钮，如下图所示。

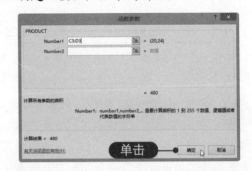

06 查看计算结果 返回工作表编辑区域，即可看到 E3 单元格中的计算结果，如下图所示。

4.3.2 函数嵌套

在使用函数计算数据的过程中，有时需要将某个公式或函数的返回值作为另一个函数的参数来使用，此类函数被称为嵌套函数。下面将介绍嵌套函数的使用方法。

01 单击按钮 打开素材文件，选择 E13 单元格，单击"公式"选项卡下"函数库"组中的"插入函数"按钮，如下图所示。

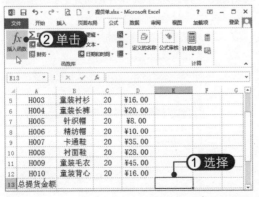

02 选择函数 弹出对话框，在"或选择类别:"下拉列表框中选择"常用函数"选项，在"选择函数:"列表框中选择 SUM 函数，然后单击"确定"按钮，如下图所示。

03 输入函数 弹出"函数参数"对话框，在 Number1 文本框中输入"PRODUCT（C3:D3）"，以此类推，分别设置 Number1 至 Number10 参数，然后单击"确定"按钮，如下图所示。

04 查看计算结果 返回工作表编辑区域，即可看到 E13 单元格中显示了正确的计算结果，如下图所示。

4.4 单元格的引用

在公式中常用单元格的地址来代替单元格，称为单元格的引用，它可以把单元格的数据和公式联系起来，如"=AVERAGE(C3:F3)"。下面将介绍如何引用单元格。

4.4.1 引用样式

默认情况下，Excel 使用 A1 引用样式，引用样式使用行列标签组合来代替单元格。

A1 引用样式是默认的引用方式，不同引用内容的引用方式见下表。

引用	正确输入
列 A 和行 5 交叉处的单元格	A5
在列 A 和行 5 到行 10 之间的单元格区域	A5:A10
在行 5 列 A 到列 G 之间的单元格区域	A5:G5
行 5 中的全部单元格	5:5
行 5 到行 10 之间的全部单元格	5:10
列 H 中的全部单元格	H:H
列 H 到列 J 之间的全部单元格	H:J
列 A 到列 E 和行 5 到行 10 之间的单元格区域	A5:E10

还可以引用其他工作表中的单元格，方法是：在工作表名称后加上"！"符号，如"Sheet2!A1"，就表示同一个工作簿中不同工作表的单元格引用。

4.4.2 相对引用

公式中的相对单元格引用就是直接使用行列标志。如果公式所在单元格的位置改变，引用也会随之改变。默认情况下，新公式使用相对引用，具体操作方法如下：

01 输入公式　打开素材文件，选择 E3 单元格，在编辑栏中输入公式 "=B3+C3+D3"，然后单击"输入"按钮，如下图所示。

02 公式自动更新　显示计算结果，使用填充柄向下填充。选择 E5 单元格，在编辑栏中可看到填充时公式中引用的单元格地址发生了变化，如下图所示。

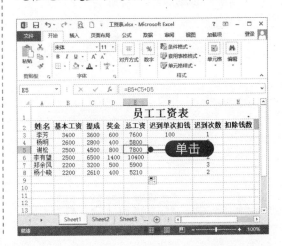

4.4.3　绝对引用

绝对引用就是在行列标志前加上 "$" 符号，保证在指定位置引用单元格。如果公式所在单元格的位置改变，绝对引用保持不变。如果多行或多列地复制公式，绝对引用将不做调整，具体操作方法如下：

01 输入公式　打开素材文件，选择 H3 单元格，在编辑栏中输入绝对引用公式 "=$F$3*G3"，然后单击"输入"按钮，如下图所示。

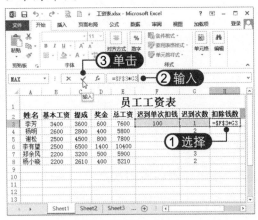

02 填充公式　自动向下填充公式，单击其他单元格，可以发现引用 F3 单元格不发生变化，如下图所示。

4.4.4　混合引用

如果一个公式既使用了相对引用，又使用了绝对引用，则称为混合引用。在使用混合引用时，一定要分清哪部分是相对引用，哪部分是绝对引用。

01 **输入公式** 打开素材文件,选择 I3 单元格,在编辑栏中输入公式 "=B3+C3+D3-$F$3*G3",然后单击"输入"按钮,如下图所示。

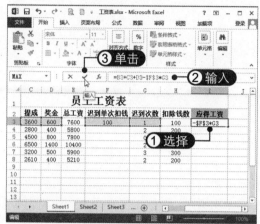

02 **复制公式** 自动填充下方单元格,对比其他单元格可以发现应用的绝对引用没有变化,而相对引用发生变化,如下图所示。

Chapter
05

统计函数的应用

在 Excel 工作表自带的函数中，统计函数是核心函数。统计函数主要用于对数据组及数据区域进行统计分析。统计函数适用的领域比较广泛，既适用于专业的统计领域，也适用于教学、财务等领域。本章将详细介绍统计函数的使用方法与技巧。

本章要点

- 基本统计函数
- 概率分布函数与检测函数
- 数字函数
- 分析与预测函数

知识等级

Excel 中级读者

建议学时

建议学习时间为 80 分钟

5.1 基本统计函数

使用基本统计函数可以计算数据平均值、单元格平均值、调和平均值、几何平均值等多种形式的平均值，还可以计算标准偏差、方差等。下面将详细介绍基本统计函数的使用方法。

5.1.1 AVEDEV 函数——计算绝对偏差的平均值

作用：返回一组数据与其均值的绝对偏差的平均值，用于评测这组数据的离散度。

语法：**AVEDEV(number1,number2,...)**

number1,number2,...为用于计算绝对偏差平均值的一组参数，参数的个数可以有1~255 个，可以用单一数组（对数组区域的引用）代替用逗号分隔的参数。

AVEDEV 函数的应用示例如下图（左）所示。

5.1.2 AVERAGE 函数——计算算术平均值

作用：返回参数的平均值（算术平均值）。

语法：**AVERAGE(number1,number2,...)**

number1,number2,...为要计算其平均值的 1~255 个数字参数。

AVERAGE 函数的应用示例如下图（右）所示。

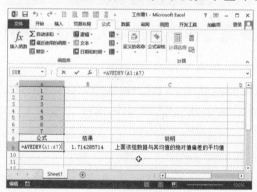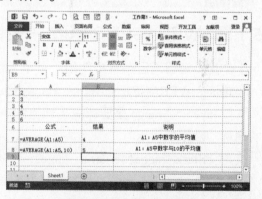

平均数是指在一组数据中所有数据之和再除以数据的个数。平均数是表示一组数据集中趋势的量数，它是反映数据集中趋势的一项指标。常用的集中趋势度量方式还有中值和众数。中值是一组数中间位置的数（即一半数的值比中值大，另一半数的值比中值小）；众数是一组数中最常出现的数。

5.1.3 AVERAGEA 函数——计算平均值

作用：计算参数列表中数值的平均值（算术平均值）。

语法：**AVERAGEA(value1,value2,...)**

value1, value2,...为需要计算平均值的 1~255 个单元格、单元格区域或数值。

AVERAGEA 函数的应用示例如下图（左）所示

5.1.4 AVERAGEIF 函数——计算满足给定条件单元格的平均值

作用：返回某个区域内满足给定条件的所有单元格的平均值（算术平均值）。

语法：**AVERAGEIF(range,criteria,average_range)**

◎ range 为要计算平均值的一个或多个单元格，其中包括数字或包含数字的名称、数组或引用。

◎ criteria 是数字、表达式、单元格引用或文本形式的条件，用于定义要对哪些单元格计算平均值。例如，条件可以表示为 32、"32"、">32"、"apples"或 B4。

◎ average_range 是要计算平均值的实际单元格集。如果忽略，则使用 range。

AVERAGEIF 函数的应用示例如下图（右）所示。

5.1.5 AVERAGEIFS 函数——计算满足多重条件单元格的平均值

作用：返回满足多重条件的所有单元格的平均值（算术平均值）。

语法：**AVERAGEIFS(average_range,criteria_range1, criteria1,criteria_range2,criteria2...)**

◎ average_range 是要计算平均值的一个或多个单元格，其中包括数字或包含数字的名称、数组或引用。

◎ criteria_range1, criteria_range2, ...是计算关联条件的 1~127 个区域。

◎ criteria1, criteria2, ...是数字、表达式、单元格引用或文本形式的 1~127 个条件，用于定义要对哪些单元格求平均值。例如，条件可表示为 32、"32"、">32"、"apples"或 B4。

AVERAGEIFS 函数的应用示例如下图（左）所示。

5.1.6 DEVSQ 函数——计算偏差的平方和

作用：返回数据点与各自样本平均值偏差的平方和。

语法：**DEVSQ(number1,number2,...)**

number1,number2,...为 1~255 个需要计算偏差平方和的参数，也可以不使用这种用逗号分隔参数的形式，而用单个数组或对数组的引用。

DEVSQ 函数的应用示例如下图（右）所示。

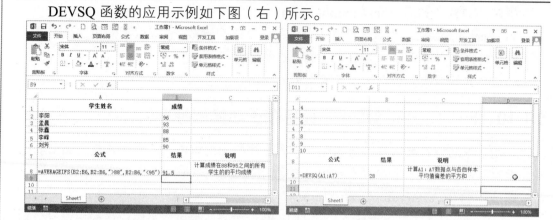

5.1.7 GEOMEAN 函数——计算几何平均值

作用：返回正数数组或区域的几何平均值。例如，可以使用 GEOMEAN 函数计算可变复利的平均增长率。

语法：**GEOMEAN(number1,number2,...)**

number1,number2,...是用于计算平均值的 1~255 个参数，也可以不用这种用逗号分隔参数的形式，而用单个数组或对数组的引用。

GEOMEAN 函数的应用示例如下图（左）所示。

5.1.8 HARMEAN 函数——计算调和平均值

作用：返回数据集的调和平均值。调和平均值与倒数的算术平均值互为倒数。

语法：**HARMEAN(number1,number2,...)**

number1,number2,...是用于计算平均值的 1~255 个参数，也可以不用这种用逗号分隔参数的形式，而用单个数组或对数组的引用。

HARMEAN 函数的应用示例如下图（右）所示。

5.1.9 STDEVP 函数——计算基于整个样本总体的标准偏差

作用：返回以参数形式给出的整个样本总体的标准偏差。标准偏差反映数值相对于平均值（**mean**）的离散程度。

语法：**STDEVP(number1,number2,...)**

number1,number2,...为对应于样本总体的 1~255 个参数。也可以不使用这种用逗号分隔参数的形式，而用单个数组或对数组的引用。

STDEVP 函数的应用示例如下图（左）所示。

5.1.10 STDEVPA 函数——计算基于总体的标准偏差

作用：返回以参数形式给出的整个样本总体的标准偏差，包含文本和逻辑值。标准偏差反映数值相对于平均值（mean）的离散程度。

语法：**STDEVPA(value1,value2,...)**

value1,value2,...为对应于样本总体的 1~30 个参数。也可以不使用这种用逗号分隔参数的形式，而用单个数组或对数组的引用。

STDEVPA 函数的应用示例如下图（右）所示。

5.1.11 TRIMMEAN 函数——计算内部平均值

作用：返回数据集的内部平均值。先从数据集的头部和尾部除去一定百分比的数据点，然后再求平均值。当希望在分析中剔除一部分数据的计算时，可以使用此函数。

语法：**TRIMMEAN(array,percent)**

◎ array 为需要进行整理并求平均值的数组或数值区域。

◎ percent 为计算时所要除去的数据点的比例，例如，如果 percent=0.2，在 20 个数据点的集合中就要除去 4 个数据点（20×0.2）：头部除去 2 个，尾部除去 2 个。

TRIMMEAN 函数的应用示例如下图（左）所示。

5.1.12 VAR 函数——基于样本估算方差

作用：计算基于给定样本的方差。

语法：**VAR(number1,number2,...)**

number1,number2,...为对应于总体样本的 1~255 个参数。

VAR 函数的应用示例如下图（右）所示。

函数 VAR 假设其参数是样本总体中的一个样本。如果数据为整个样本总体，则应使用函数 VARP 来计算方差。

5.2 概率分布函数与检测函数

概率分布函数是使用统计函数对数据进行概率分布计算的一种函数，可以计算数据及已知条件的概率值、单尾概率值、双尾概率值等概率值和指数分布、伽玛分布、韦伯分布等概率分布。检测函数是使用统计函数对数据及结果进行检测的一种函数，可对数据进行独立性检测，或对结果和概率进行检测等。下面将详细介绍这两种函数的使用方法。

5.2.1 BINOMDIST 函数——计算概率值

作用：返回一元二项式分布的概率值。适用于固定次数的独立试验，当试验的结果只包含成功或失败两种情况，而且成功的概率在试验期间固定不变。例如，BINOMDIST 函数可以计算三个婴儿中两个是男孩的概率。

语法：**BINOMDIST(number_s,trials,probability_s, cumulative)**

◎ number_s 为试验成功的次数。

◎ trials 为独立试验的次数。

◎ probability_s 为每次试验中成功的概率。

◎ cumulative 为一逻辑值，决定函数的形式。如果 cumulative 为 TRUE，BINOMDIST 函数返回累积分布函数，即至多 number_s 次成功的概率；如果为 FALSE，返回概率密度函数，即 number_s 次成功的概率。

BINOMDIST 函数的应用示例如下图（左）所示。

5.2.2 CHIDIST 函数——计算单尾概率

作用：返回 χ^2 分布的单尾概率。χ^2 分布与 χ^2 检验相关。使用 χ^2 检验可以比较观察值和期望值。例如，某项遗传学试验假设下一代植物将呈现出某一组颜色。使用此函数比较观测结果和期望值，可以确定初始假设是否有效。

语法：**CHIDIST(x,degrees_freedom)**

◎ x 为用于计算分布的数值。

◎ degrees_freedom 为自由度的数值。

CHIDIST 函数的应用示例如下图（右）所示。

 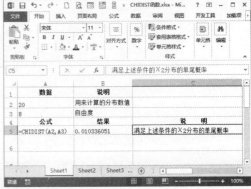

5.2.3　EXPONDIST 函数——计算指数分布

作用：返回指数分布。使用 EXPONDIST 函数可以建立事件之间的时间间隔模型，例如，在计算银行自动提款机支付一次现金所花费的时间时，可通过此函数来确定这一过程最长持续一分钟的发生概率。

语法：**EXPONDIST（x,lambda,cumulative）**

◎　x 为函数的值。

◎　lambda 为参数值。

◎　cumulative 为一逻辑值，指定指数函数的形式。如果 cumulative 为 TRUE，则返回累积分布函数；如果 cumulative 为 FALSE，则返回概率密度函数。

EXPONDIST 函数的应用示例如下图（左）所示。

5.2.4　FDIST 函数——计算 F 概率分布

作用：返回 F 概率分布。使用此函数可确定两个数据集是否存在变化程度上的不同。例如，分析进入大学男生、女生的考试分数，确定女生分数的变化程度是否与男生不同。

语法：**FDIST(x,degrees_freedom1,degrees_ freedom2)**

◎　x 为参数值。

◎　degrees_freedom1 为分子自由度。

◎　degrees_freedom2 为分母自由度

FDIST 函数的应用示例如下图（右）所示。

5.2.5 FINV 函数——计算 F 概率分布的反函数值

作用：返回 F 概率分布的反函数值。如果 p=FDIST(x,…)，则 FINV(p,…)=x。

在 F 检验中，可以使用 F 分布比较两个数据集的变化程度。例如，可以分析美国、加拿大的收入分布，判断两个国家/地区是否有相似的收入变化程度。

语法：**FINV(probability,degrees_freedom1, degrees_freedom2)**

◎ probability 为与 F 累积分布相关的概率值。

◎ degrees_freedom1 为分子自由度。

◎ degrees_freedom2 为分母自由度。

FINV 函数的应用示例如下图（左）所示。

5.2.6 FTEST 函数——计算 F 检验结果

作用：返回 F 检验结果。F 检验返回的是当数组 1 和数组 2 的方差无明显差异时的单尾概率。可以使用此函数来判断两个样本的方差是否不同。例如，给定公立学校和私立学校的测试成绩，可以检验各学校间测试成绩的差别程度。

语法：**FTEST(array1,array2)**

◎ array1 为第一组数据或数据区域。

◎ array2 为第二组数据或数据区域。

FTEST 函数的应用示例如下图（右）所示。

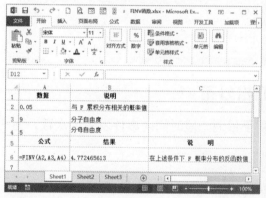 

5.2.7 HYPGEOMDIST 函数——计算超几何分布

作用：返回超几何分布。给定样本容量、样本总体容量和样本总体中成功的次数，**HYPGEOMDIST** 函数返回样本取得给定成功次数的概率。使用此函数可以解决有限总体的问题，其中每个观察值或者为成功或者为失败，并且给定样本容量的每一个子集有相等的发生概率。

语法：**HYPGEOMDIST(sample_s, number_sample,population_s,number_population)**

◎ sample_s 为样本中成功的次数。

◎ number_sample 为样本容量。

◎ population_s 为样本总体中成功的次数。

◎ number_population 为样本总体的容量。

例如，抽样器里有 30 块糖，其中 18 块是巧克力的，其余 12 块是果仁的，如果随机选出 4 块，可以使用 HYPGEOMDIST 函数返回恰好有一块是巧克力的概率。

HYPGEOMDIST 函数的应用示例如下图（左）所示。

5.2.8 LOGINV 函数——计算累积分布函数的反函数值

作用：返回 x 的对数累积分布函数的反函数，此处的 ln(x)是含有 mean 与 standard_dev 参数的正态分布。如果 p=LOGNORMDIST(x,...)，则 **LOGINV（p,...）=x**。

语法：**LOGINV (probability ,mean, standard_dev)**

◎ probability 为与对数分布相关的概率。

◎ mean 为 ln(x)的平均值。

◎ standard_dev 为 ln(x)的标准偏差。

LOGINV 函数的应用示例如下图（右）所示。

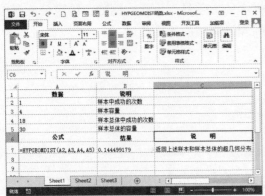 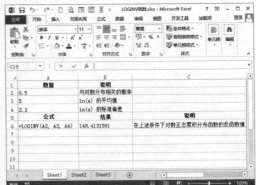

5.2.9 POISSON 函数——计算泊松分布

作用：返回泊松分布。泊松分布通常用于预测一段时间内事件发生的次数，如一分钟内通过收费站的轿车的数量。

语法：**POISSON(x,mean,cumulative)**

◎ x 为事件数。

◎ mean 为期望值。

◎ cumulative 为逻辑值，确定所返回的概率分布形式。若 cumulative 为 TRUE，返回泊松累积分布概率,即随机事件发生的次数在0~x 之间(包含 0 和 1);若为 FALSE，则返回泊松概率密度函数，即随机事件发生的次数恰好为 x。

POISSON 函数的应用示例如下图（左）所示。

5.2.10 PROB 函数——计算区域中数值落在指定区间内的概率

作用：返回区域中的数值落在指定区间内的概率。如果没有给出上限 **(upper_limit)**，则返回区间 **x_range** 内的值等于下限 **lower_limit** 的概率。

语法：**PROB(x_range,prob_range,lower_limit, upper_limit)**

◎ x_range 为具有各自相应概率值的 x 数值区域。

◎ prob_range 为与 x_range 中的值相对应的一组概率值。

◎ lower_limit 为用于计算概率的数值下界。

◎ upper_limit 为用于计算概率的可选数值上界。

PROB 函数的应用示例如下图（右）所示。

 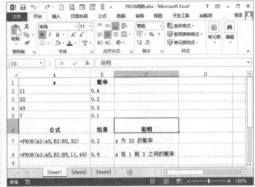

5.3 数字函数

数字函数是使用统计函数对数字进行一般运算的函数，既有别于数学函数，又与数学函数有着密切的联系。使用数字函数可以对单元格的系数、个数、协方差、自然对数等进行计算，下面将详细介绍数字函数的使用方法。

5.3.1 CONFIDENCE 函数——计算置信区间构建值

作用：返回一个值，可以使用该值构建总体平均值的置信区间。

语法：**CONFIDENCE(alpha,standard_dev, size)**

◎ alpha 是用于计算置信度的显著水平参数。置信度等于 100*(1-alpha)%，也就是如果 alpha 为 0.05，则置信度为 95%。

◎ standard_dev 为数据区域的总体标准偏差，假设为已知。

◎ size 为样本容量。

CONFIDENCE 函数的应用示例如下图（左）所示。

5.3.2 CORREL 函数——计算单元格区域之间的相关系数

作用：返回单元格区域 **array1** 和 **array2** 之间的相关系数。使用相关系数可以确定两种属性之间的关系。例如，可以检测某地的平均温度和空调使用情况之间的关系。

语法：**CORREL(array1,array2)**

◎ array1 为第一组数据单元格区域。

◎ array2 为第二组数据单元格区域。

CORREL 函数的应用示例如下图（右）所示。

5.3.3 COUNTBLANK 函数——计算区域内空单元格个数

作用：计算指定单元格区域中空单元格的个数。

语法：**COUNTBLANK(range)**

range 为需要计算其中空单元格个数的区域。

COUNTBLANK 函数的应用示例如下图（左）所示。

5.3.4 COUNTIF 函数——计算区域中满足给定条件单元格个数

作用：计算区域中满足给定条件的单元格的个数。

语法：**COUNTIF(range,criteria)**

◎ range 是一个或多个要计数的单元格，其中包括数字或名称、数组或包含数字的引用。空值和文本值将被忽略。

◎ criteria 为确定哪些单元格将被计算在内的条件，其形式可以为数字、表达式、单元格引用或文本。例如，条件可以表示为 32、"32"、">32"、"apples"或 B4。

COUNTIF 函数的应用示例如下图（右）所示。

5.3.5 COUNTIFS 函数——计算区域中满足多个条件的单元格个数

作用：计算某个区域中满足多个条件的单元格数目。

语法：**COUNTIFS(range1,criteria1,range2, crit eria2…)**

◎ range1,range2,…为计算关联条件的 1~127 个区域。每个区域中的单元格必须是数字或包含数字的名称、数组或引用。空值和文本值会被忽略。

◎ criteria1,criteria2,…为数字、表达式、单元格引用或文本形式的 1~127 个条件，用于定义要对哪些单元格进行计算。例如，条件可表示为 32、"32"、">32"、"apples" 或 B4。

COUNTIFS 函数的应用示例如下图（左）所示。

5.3.6 COVAR 函数——计算协方差

作用：返回协方差，即每对数据点的偏差乘积的平均数，利用协方差可以决定两个数据集之间的关系。例如，可利用它来检验教育程度与收入档次之间的关系。

语法：**COVAR(array1,array2)**

◎ array1 为第一个所含数据为整数的单元格区域。

◎ array2 为第二个所含数据为整数的单元格区域。

COVAR 函数的应用示例如下图（右）所示。

5.3.7 RSQ 函数——计算 Pearson 积矩法相关系数的平方

作用：返回根据 **known_y's** 和 **known_x's** 中数据点计算得出的 **Pearson** 积矩法相关系数的平方。有关详细信息，请参阅 **PEARSON** 函数。**R** 平方值可以解释为 **y** 方差与 **x** 方差的比例。

语法：**RSQ(known_y's,known_x's)**

◎ known_y's 为数组或数据点区域。

◎ known_x's 为数组或数据点区域。

RSQ 函数的应用示例如下图（左）所示。

5.3.8 STANDARDIZE 函数——计算正态化数值

作用：返回以 **mean** 为平均值，以 **standard_dev** 为标准偏差分布的正态化数值。

语法：**STANDARDIZE(x,mean, standard _dev)**

◎ x 为要正态化的数值。

◎ mean 为分布的算术平均值。

◎ standard_dev 为分布的标准偏差。

STANDARDIZE 函数的应用示例如下图（右）所示。

5.4 分析与预测函数

分析与预测函数的主要功能是对数据进行线性分析与未来预测。使用分析与预测函数可以对指数趋势、拟合线的值及数据中的峰值、最大最小值、对称度等进行分析与预测，同时也可以对指数的增长值、未来值等进行预测。下面将详细介绍分析与预测函数的使用方法。

5.4.1 FREQUENCY 函数——计算垂直数组

作用：计算数值在某个区域内的出现频率，并返回一个垂直数组。例如，使用 **FREQUENCY** 函数可以在分数区域内计算测验分数的个数。由于 **FREQUENCY** 函数返回一个数组，所以它必须以数组公式的形式输入。

语法：**FREQUENCY(data_array,bins_array)**

◎ data_array 为一个数组或对一组数值的引用，用户要为它计算频率。如果 data_array 中不包含任何数值，FREQUENCY 函数将返回一个零数组。

◎ bins_array 为一个区间数组或对区间的引用，该区间用于对 data_array 中的数值进行分组。如果 bins_array 中不包含任何数值，FREQUENCY 函数返回的值与 data_array 中的元素个数相等。

FREQUENCY 函数的应用示例如下图（左）所示。

5.4.2 GROWTH 函数——计算预测指数增长值

作用：根据现有的数据预测指数增长值。根据现有的 x 值和 y 值返回一组新的 x 值对应的 y 值，可以使用 **GROWTH** 工作表函数来拟合满足现有 x 值和 y 值的指数曲线。

语法：**GROWTH(known_y's,known_x's, new_x's,const)**

◎ known_y's 为满足指数回归拟合曲线 $y=b*m^x$ 的一组已知的 y 值。

◎ known_x's 为满足指数回归拟合曲线 $y=b*m^x$ 的一组已知的 x 值，为可选参数。

◎ new_x's 为需要通过 GROWTH 函数返回的对应 y 值的一组新 x 值。

◎ const 为逻辑值，用于指定是否将常数 b 强制设为 1。

GROWTH 函数的应用示例如下图（右）所示。

5.4.3 LARGE 函数——计算数据集中第 k 个最大值

作用：返回数据集中第 k 个最大值。使用此函数可以根据相对标准来选择数值。例如，可以使用 LARGE 函数得到第一名、第二名或第三名的得分。

语法：**LARGE(array,k)**

◎ array 为需要从中选择第 k 个最大值的数组或数据区域。

◎ k 为返回值在数组或数据单元格区域中的位置（从大到小排）。

LARGE 函数的应用示例如下图（左）所示。

5.4.4 LINEST 函数——计算直线的数组

作用：使用最小二乘法对已知数据进行最佳直线拟合，然后返回描述此直线的数组。也可以将 LINEST 函数与其他函数结合以便计算未知参数中其他类型的线性模型的统计值，包括多项式、对数、指数和幂级数。因为此函数返回数值数组，所以必须以数组公式的形式输入。

语法：**LINEST(known_y's,known_x's,const, stats)**

◎ known_y's 为关系表达式 $y = mx + b$ 中已知的 y 值集合。

◎ known_x's 为关系表达式 $y = mx + b$ 中已知的可选 x 值集合。

◎ const 为一逻辑值，用于指定是否将常量 b 强制设为 0。

◎ stats 为一逻辑值，用于指定是否返回附加回归统计值。

LINEST 函数的应用示例如下图（右）所示。

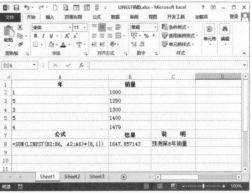

5.4.5　LOGEST 函数——计算指数趋势的参数

作用：在回归分析中，计算最符合数据的指数回归拟合曲线，并返回描述该曲线的数值数组。因为此函数返回数值数组，所以必须以数组公式的形式输入。

语法：**LOGEST(known_y's,known_x's,const, stats)**

◎ known_y's 为满足指数回归拟合曲线 y=b*m^x 的一组已知的 y 值。

◎ known_x's 为满足指数回归拟合曲线 y=b*m^x 的一组已知的 x 值，为可选参数。

◎ const 为逻辑值，用于指定是否将常数 b 强制设为 1。

◎ stats 为一逻辑值，指定是否返回附加回归统计值。

LOGEST 函数应用示例如下图（左）所示。

5.4.6　MAX 函数——返回参数列表中的最大值

作用：返回一组数字中的最大值。

语法：**MAX(number1,number2,...)**

Number1,number2,...为要从中找出最大值的 1~255 个数字参数。

MAX 函数的应用示例如下图（右）所示。

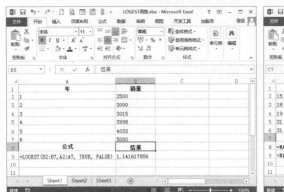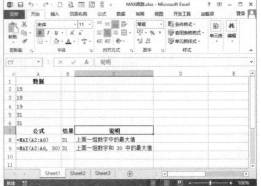

5.4.7　MEDIAN 函数——计算中值

作用：返回给定数值的中值。中值是在一组数值中居于中间的数值。

语法：**MEDIAN(number1,number2,...)**

number1,number2,...为要计算中值的 1~255 个数字。

MEDIAN 函数的应用示例如下图（左）所示。

5.4.8　MIN 函数——计算最小值

作用：返回一组数据中的最小值。

语法：**MIN(number1,number2,...)**

number1,number2,...为要计算最小值的 1~255 个数字。

MIN 函数的应用示例如下图（右）所示。

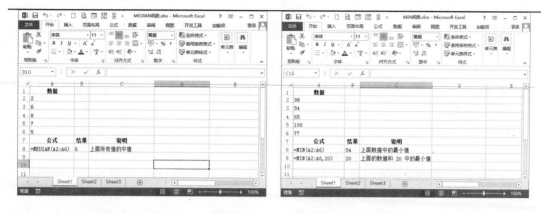

5.4.9 PERCENTRANK 函数——计算百分比排位

作用：返回特定数值在一个数据集中的百分比排位。此函数可用于查看特定数据在数据集中所处的位置。例如，可以使用此函数计算某个特定的能力测试得分在所有的能力测试得分中的位置。

语法：**PERCENTRANK(array,x,significance)**

◎ array 为定义相对位置的数组或数字区域。

◎ x 为数组中需要得到其排位的值。

◎ significance 为可选项，表示返回的百分数值的有效位数。如果省略，PERCENTRANK 函数保留 3 位小数。

PERCENTRANK 函数的应用示例如下图（左）所示。

5.4.10 PERMUT 函数——计算排列数

作用：返回从给定数目的对象集合中选取的若干对象的排列数。排列为有内部顺序的对象或事件的任意集合或子集。排列与组合不同，组合的内部顺序无意义。此函数可用于彩票抽奖的概率计算。

语法：**PERMUT (number ,number_chosen)**

◎ number 为对象总数。

◎ number_chosen 为每个排列中的对象数总数。

PERMUT 函数的应用示例如下图（右）所示。

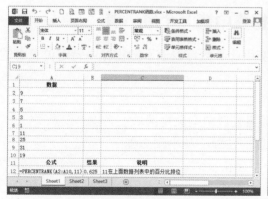

5.4.11　QUARTILE 函数——返回数据集的四分位数

作用：返回数据集的四分位数。四分位数通常用于在销售额和测量数据中对总体进行分组。例如，可以使用 **QUARTILE** 函数求得总体中前 **25%** 的收入值。

语法：**QUARTILE(array,quart)**

◎ array 为需要求得四分位数值的数组或数字型单元格区域。

◎ quart 为决定返回哪一个四分位值。

quart 参数不同取值时，QUARTILE 的返回值和 QUARTILE 函数的应用示例如下图所示。

如果 quart 等于	函数 QUARTILE 返回
0	最小值
1	第一个四分位数（第 25 个百分点值）
2	中分位数（第 50 个百分点值）
3	第三个四分位数（第 75 个百分点值）
4	最大值

5.4.12　RANK 函数——计算数字排位

作用：返回一个数字在数字列表中的排位。数字的排位是其大小与列表中其他值的比值（如果列表已排过序，则数字的排位就是它当前的位置）。

语法：**RANK(number,ref,order)**

◎ number 为需要找到排位的数字。

◎ ref 为数字列表数组或对数字列表的引用。ref 中的非数值型参数将被忽略。

◎ order 为一数字，用于指明排位的方式。如果 order 为 0 或省略，Excel 对数字的排位是基于 ref 为按照降序排列的列表；如果 order 不为 0，Excel 对数字的排位是基于 ref 为按照升序排列的列表。

RANK 函数的应用示例如下图（左）所示。

5.4.13　SMALL 函数——计算数据集中第 k 个最小值

作用：返回数据集中第 **k** 个最小值。使用此函数可以返回数据集中特定位置上的数值。

语法：**SMALL(array,k)**

◎ array 为需要找到第 k 个最小值的数组或数字型数据区域。

◎ k 为返回的数据在数组或数据区域里的位置（从小到大）。

SMALL 函数的应用示例如下图（右）所示。

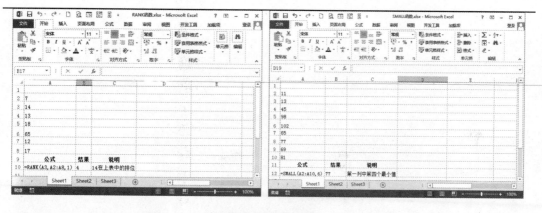

5.4.14 STEYX 函数——计算标准误差

作用：返回通过线性回归法计算每个 x 的 y 预测值时所产生的标准误差。标准误差用于度量根据单个 x 变量计算出的 y 预测值的误差量。

语法：**STEYX(known_y's,known_x's)**

◎ known_y's 为因变量数据点数组或区域。

◎ known_x's 为自变量数据点数组或区域。

STEYX 函数的应用示例如下图所示。

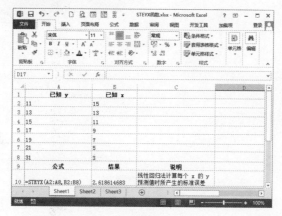

Chapter
06
数学与三角函数
的应用

数学与三角函数可以独立地完成数学运算，是所有 Excel 函数中使用最广泛的一种函数。此外，数学与三角函数还可以作为统计行业和工程行业的辅助工具，用于完成一些高难度计算。本章将详细介绍数学与三角函数的使用方法与技巧。

本章要点

- 数值函数
- 数组函数
- 三角函数

知识等级

Excel 中级读者

建议学时

建议学习时间为 60 分钟

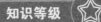

6.1 数值函数

数值函数可使用 Excel 自带的函数对指定的数字进行各种数学运算。通过对数值函数的应用，可以非常方便地对工作表中的数值进行计算操作。下面将介绍各种数值函数的具体应用方法。

6.1.1 ABS 函数——计算数字的绝对值

作用：返回数字的绝对值，绝对值没有符号。

语法：**ABS(number)**

number 为需要计算其绝对值的实数。

ABS 函数的应用示例如下图（左）所示。

6.1.2 EXP 函数——计算 e 的 n 次方

作用：返回 e 的 n 次幂。常数 e 等于 **2.718282**，是自然对数的底数。

语法：**EXP(number)**

number 为应用于底数 e 的指数。

EXP 函数的应用示例如下图（右）所示。

6.1.3 FACT 函数——计算数字的阶乘

作用：返回某数的阶乘，一个数的阶乘等于 **1*2*3*...***该数。

语法：**FACT(number)**

number 为要计算其阶乘的非负数。如果 number 不是整数，则截尾取整。

FACT 函数的应用示例如下图（左）所示。

6.1.4 GCD 函数——计算最大公约数

作用：返回两个或多个整数的最大公约数，最大公约数是能分别将 **number1** 和 **number2** 除尽的最大整数。

语法：**GCD(number1,number2,...)**

number1, number2, ...为 1~255 个数值，如果数值不是整数，则截尾取整。

GCD 函数的应用示例如下图（右）所示。

6.1.5　LCM 函数——计算最小公倍数

作用：返回整数的最小公倍数。最小公倍数是所有整数参数 number1、number2 等的最小正整数倍数。

语法：**LCM(number1,number2,...)**

number1,number2,...为要计算最小公倍数的 1~255 个参数。如果参数不是整数，则截尾取整。

LCM 函数的应用示例如下图（左）所示。

6.1.6　LN 函数——计算数字的自然对数

作用：返回一个数的自然对数。自然对数以常数项 e（**2.718282**）为底。它是 **EXP** 函数的反函数。

语法：**LN(number)**

number 为用于计算其自然对数的正实数。

LN 函数的应用示例如下图（右）所示。

6.1.7　LOG 函数——计算数字以指定底为底的对数

作用：按所指定的底数返回一个数的对数。

语法：**LOG(number,base)**

◎ number 为用于计算对数的正实数。

◎ base 为对数的底数。

LOG 函数的应用示例如下图（左）所示。

6.1.8　LOG10 函数——计算数字以 10 为底的对数

作用：返回以 10 为底的对数。

语法：**LOG10(number)**

number 用于常用对数计算的正实数。

LOG10 函数的应用示例如下图（右）所示。

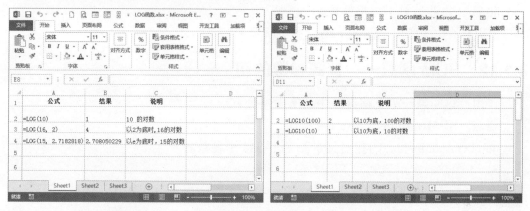

6.1.9　MOD 函数——计算除法的余数

作用：返回两数相除的余数。结果的正负号与除数相同。

语法：**MOD(number,divisor)**

◎ number 为被除数。

◎ divisor 为除数。

MOD 函数的应用示例如下图（左）所示。

6.1.10　PRODUCT 函数——计算参数的乘积

作用：将所有以参数形式给出的数字相乘，并返回乘积值。

语法：**PRODUCT(number1,number2,...)**

number1,number2,...为要相乘的 1~255 个数字。

如果需要让许多单元格相乘，则使用 PRODUCT 函数很有用。例如，公式 =PRODUCT (A1:A3,C1:C3)等同于=A1*A2*A3*C1*C2*C3。

PRODUCT 函数的应用示例如下图（右）所示。

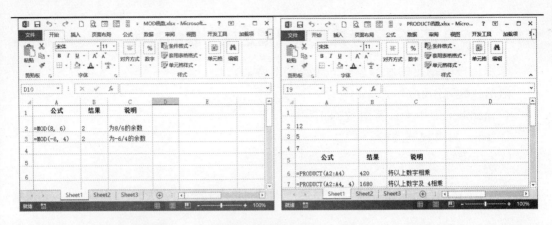

6.1.11 SQRT 函数——计算正平方根

作用：返回正平方根。

语法：**SQRT(number)**

number 为要计算平方根的数。

SQRT 函数的应用示例如下图（左）所示。

6.1.12 SUM 函数——计算参数的和

作用：返回某一单元格区域中所有数字之和。

语法：**SUM(number1,number2,...)**

number1,number2,...为要对其求和的 1~255 个参数。

SUM 函数的应用示例如下图（右）所示。

6.1.13 SUMIF 函数——按给定条件对指定单元格求和

作用：按给定条件对指定单元格求和。

语法：**SUMIF(range,criteria,sum_range)**

◎ range 为要根据条件计算的单元格区域。每个区域中的单元格都必须是数字和名称、数组和包含数字的引用。空值和文本值将被忽略。

◎ criteria 为确定对哪些单元格相加的条件，其形式可以为数字、表达式或文本。例如，条件可以表示为 32、"32"、">32"或"apples"。

◎ sum_range 为要相加的实际单元格（如果区域内的相关单元格符合条件）。如果省略 sum_range，则当区域中的单元格符合条件时，它们既按条件计算，也执行相加。

SUMIF 函数的应用示例如下图（左）所示。

6.1.14 SUMSQ 函数——计算参数的平方和

作用：返回参数的平方和。

语法：**SUMSQ(number1,number2,...)**

number1,number2,...为 1~255 个需要求平方和的参数，也可以使用数组或对数组的引用代替以逗号分隔的参数。

SUMSQ 函数的应用示例如下图（右）所示。

6.2 数组函数

数组函数是使用 Excel 自带的数学与三角函数对数组进行运算的一种函数。使用数组函数可以计算数量的组合数、矩阵行列值、逆矩阵及矩阵乘积等，还可以对数组进行分类汇总。

6.2.1 COMBIN 函数——计算数目对象的组合数

作用：计算从给定数目的对象集合中提取若干对象的组合数。

语法：**COMBIN(number,number_chosen)**

◎ number 为项目的数量。

◎ number_chosen 为每一组合中项目的数量。

COMBIN 函数的应用示例如下图（左）所示。

6.2.2 MDETERM 函数——计算数组的矩阵行列式值

作用：返回一个数组的矩阵行列式值。

语法：**MDETERM(array)**

array 为行数和列数相等的数值数组。

MDETERM 函数的应用示例如下图（右）所示。

 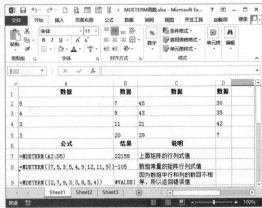

6.2.3 SUBTOTAL 函数——计算分类汇总

作用：返回列表或数据库中的分类汇总。

语法：**SUBTOTAL(function_num,ref1,ref2,...)**

◎ function_num 为 1~11（包含隐藏值）或 101~111（忽略隐藏值）之间的数字，指定使用何种函数在列表中进行分类汇总计算。

◎ ref1,ref2,...为要进行分类汇总计算的 1~254 个区域或引用。

Function_num 参数的取值以及函数返回值和 SUBTOTAL 函数的应用示例如下图所示。

Function_num（包含隐藏值）	Function_num（忽略隐藏值）	函数
1	101	AVERAGE
2	102	COUNT
3	103	COUNTA
4	104	MAX
5	105	MIN
6	106	PRODUCT
7	107	STDEV
8	108	STDEVP
9	109	SUM
10	110	VAR
11	111	VARP

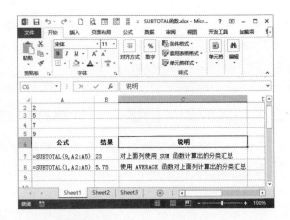

6.2.4 SUMPRODUCT 函数——计算乘积和

作用：在给定的几组数组中将数组间对应的元素相乘，并返回乘积之和。

语法：**SUMPRODUCT(array1,array2,array3,...)**

array1,array2,array3,...为 2~255 个数组，其相应元素需要进行相乘并求和。

SUMPRODUCT 函数的应用示例如下图（左）所示。

6.2.5　SUMX2MY2 函数——计算平方差之和

作用：返回两数组中对应数值的平方差之和。

语法：**SUMX2MY2(array_x,array_y)**

◎ array_x 为第一个数组或数值区域。

◎ array_y 为第二个数组或数值区域。

SUMX2MY2 函数的应用示例如下图（右）所示。

6.2.6　SUMX2PY2 函数——计算平方和之和

作用：返回两数组中对应数值的平方和之和，平方和之和在统计计算中经常使用。

语法：**SUMX2PY2(array_x,array_y)**

◎ array_x 为第一个数组或数值区域。

◎ array_y 为第二个数组或数值区域。

SUMX2PY2 函数的应用示例如下图（左）所示。

6.2.7　SUMXMY2 函数——计算差的平方和

作用：返回两数组中对应数值之差的平方和。

语法：**SUMXMY2(array_x,array_y)**

◎ array_x 为第一个数组或数值区域。

◎ array_y 为第二个数组或数值区域。

SUMXMY2 函数的应用示例如下图（右）所示。

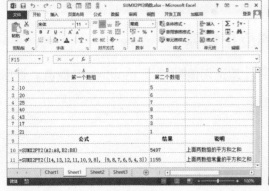 

6.3 三角函数

三角函数是使用自带的数学与三角函数对弧度、角度及数值进行运算及换算的一种函数。使用三角函数可以计算指定数值的反余弦值、反正切值、余弦值等，还可以利用三角函数转换角度格式、计算圆周率、计算圆周长及面积等。三角函数广泛适用于工程领域和科技领域。

6.3.1 ACOS 函数——计算数字的反余弦值

作用：返回数字的反余弦值。反余弦值是角度，它的余弦值为数字。返回的角度值以弧度表示，范围是 **0~pi**。

语法：**ACOS(number)**

number 为角度的余弦值，必须介于-1~1 之间。

ACOS 函数的应用示例如下图（左）所示。

6.3.2 ASIN 函数——计算数字的反正弦值

作用：返回参数的反正弦值。反正弦值为一个角度，该角度的正弦值即等于此函数的 **number** 参数。返回的角度值将以弧度表示，范围为**-pi/2~pi/2**。

语法：**ASIN(number)**

number 为角度的正弦值，必须介于-1~1 之间。

ASIN 函数的应用示例如下图（右）所示。

6.3.3 ATAN 函数——计算数字的反正切值

作用：返回反正切值。反正切值为角度，其正切值即等于 **number** 参数值。返回的角度值将以弧度表示，范围为**-pi/2~pi/2**。

语法：**ATAN(number)**

number 为角度的正切值。

ATAN 函数的应用示例如下图（左）所示。

6.3.4　COS 函数——计算给定角度的余弦值

作用：返回给定角度的余弦值。

语法：**COS(number)**

number 为需要求余弦的角度，以弧度表示。

COS 函数的应用示例如下图（右）所示。

6.3.5　PI 函数——计算圆周率

作用：返回数字 **3.14159265358979**，即数学常量 **π**，精确到小数点后 **14** 位。

语法：**PI()**

该函数没有参数。

PI 函数的应用示例如下图（左）所示。

6.3.6　RADIANS 函数——将角度转换为弧度

作用：将角度转换为弧度。

语法：**RADIANS(angle)**

angle 为需要转换成弧度的角度。

RADIANS 函数的应用示例如下图（右）所示。

6.3.7　SIN 函数——计算给定角度的正弦值

作用：返回给定角度的正弦值。

语法：**SIN(number)**

number 为需要求正弦的角度，以弧度表示。

SIN 函数的应用示例如下图（左）所示。

6.3.8　TAN 函数——计算数字的正切值

作用：返回给定角度的正切值。

语法：**TAN(number)**

number 为要求正切的角度，以弧度表示。

TAN 函数的应用示例如下图（右）所示。

Chapter
07

日期与时间函数的应用

对工作表中的日期与时间按规定进行处理的一种函数就是日期与时间函数。由于工作表的制作大都与日期和时间有关联，所以在 Excel 中日期与时间函数是一种重要的函数。日期与时间函数主要用于计算两日期之间的天数、指定月份的最后一天、将时间与日期转换成序列号、返回指定时间、计算周次等。本章将分别介绍日期和时间函数的使用方法。

本章要点

◉ 日期函数
◉ 时间函数

知识等级

Excel 中级读者

建议学时

建议学习时间为 50 分钟

7.1 日期函数

在 Excel 工作表中，存在两套日期系统，即 1900 系统与 1904 系统，默认为 1900 日期系统。

日期函数主要是利用特定函数对工作表中的日期进行处理的一种函数。可以利用该函数返回两日期之间的天数，或者返回日期序列号，还可以方便地计算贷款还款日，计算员工年龄，计算员工工作天数等。此类函数广泛应用于人事与财务系统。

7.1.1 DATE 函数——返回日期

作用：DATE 函数将指定的年、月、日合并为日期编号。

语法：**DATE(year,month,day)**

year 表示"年份"，可以是 1~4 位的数字；month 表示"月份"；day 表示"天"。

在应用 DATE 函数时，要注意参数的溢出，溢出主要分为年份溢出、月份溢出和日期溢出，其中：

◎ **年份溢出**：在 1900 年日期系统中，如果 year 的参数值在 0~1899 之间时，则 Excel 会自动在年份上加上 1900 再进行计算；如果 year 的参数值小于 0 或大于等于 10000，则将返回错误值#NUM!。在 1904 年日期系统中，如果 year 的参数值在 4~1899 之间时，则 Excel 会自动在年份上加上 1900 再进行计算；如果 year 的参数值小于 4 或大于等于 10000，或位于 1900~1903 之间，则将返回错误值#NUM!。

◎ **月份溢出**：如果 month 参数大于 12，系统将从指定年份的 1 月份往上加，从而推算出确切的月份；如果 month 参数等于或小于 0，系统将从指定年份上一年的 12 月份往下减，从而推算出确切的月份。

◎ **日期溢出**：如果 day 参数大于该月份的实际天数，将从该月的上一天往上加，从而推算出确切的月份和日期；如果 day 参数小于或等于 0，将从该月的前一个月的最后一天往下减，从而推算出确切的日期。

DATE 函数说明如下图所示。

下面将通过实例介绍 DATE 函数的应用，具体操作方法如下：

01 输入公式　新建工作簿，在 A1 单元格中输入函数"=DATE(2014，18，20)"，如下图所示。

02 计算结果　按【Enter】键，返回结果为"2015/6/20"，如下图所示。

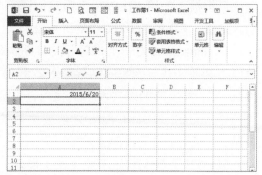

7.1.2　DATEVALUE 函数——显示日期编号

作用：返回某一指定日期的系列编号。

语法：**DATEVALUE(date_text)**

date_text 表示要转换为编号方式显示的日期的文本字符串，或者是对表示 Excel 日期格式的日期的文本所在单元格的单元格引用。

如果省略参数 date_text 中的年份部分，则函数 DATEVALUE 会使用计算机内置时钟的当前年份。参数 date_text 中的时间信息将被忽略。

DATEVALUE 函数说明如下图所示。

下面通过 DATEVALUE 函数统计上班的总天数，具体操作方法如下：

01 输入公式　选择 C2 单元格，输入公式，如下图所示。

02 计算结果　按【Ctrl+Enter】组合键，即可统计上班总天数，如下图所示。

7.1.3 EDATE 函数——返回月份数

作用：返回表示某个日期的序列号，该日期代表指定日期（**start_date**）之前或之后的月份数。使用 **EDATE** 函数可以计算与发行日处于一月中同一天到期日的日期。

语法：**EDATE(start_date,month)**

◎ start_date 为一个代表开始日期的日期。应使用 DATE 函数输入日期，或将函数作为其他公式或函数的结果输入。例如，使用函数 DATE(2016,5,23)输入 2016 年 5 月 23 日。如果日期以文本形式输入，则会出现问题。

◎ month 为 start_date 之前或之后的月数。正数表示未来日期，负数表示过去日期。

EDATE 函数说明如下图（左）所示。

7.1.4 DAY 函数——显示日期天数

作用：返回以系列数表示的某日期的天数，天数是 1~31 之间的整数。

语法：DAY(serial_number)

serial_number 表示要查找的那一天的日期。

DAY 函数说明如下图（右）所示。

7.1.5 DAYS360 函数——返回相差天数

作用：按照一年 360 天的算法（每月以 30 天计，一年共计 12 个月），返回两日期之间相差的天数。

语法：**DAYS360(start_date,end_date,method)**

◎ start_date 表示计算相差天数的起始日期。

◎ end_date 表示计算相差天数的终止日期。

◎ method 用于指定采用的是欧洲方法还是美式方法，是一个逻辑值，为 TRUE 或 FALSE。

DAYS360 函数说明如下图（左）所示。

7.1.6　WEEKDAY——显示日期的星期数

作用：返回代表一周中第几天的数值，其值为 **1**（星期日）至 **7**（星期六）。

语法：**WEEKDAY(serial_number,return_type)**

◎ serial_number 表示要查找的那一天的日期。

◎ return_type 用于确定返回值类型的数字。如果为 1，则其返回值为数字 1（星期日）至数字 7（星期六）；如果为 2，其返回值为数字 1（星期一）至数字 7（星期日）；如果为 3，返回值为数字 0（星期一）至数字 6（星期日）；省略该参数时，默认值为 1。

WEEKDAY 函数说明如下图（右）所示。

7.1.7　WEEKNUM 函数——返回周数

作用：返回一个数字，该数字代表一年中的第几周。

语法：**WEEKNUM(serial_num,return_type)**

◎ serial_num 代表一周中的日期。应使用 DATE 函数输入日期，或者将函数作为其他公式或函数的结果输入。例如，使用函数 DATE(2016,5,23) 输入 2016 年 5 月 23 日。如果日期以文本形式输入，则会出现问题。

◎ return_type 为数字 1 或 2，确定星期计算从哪一天开始。默认值为 1。数值为 1 时，星期从星期日开始，星期内的天数从 1~7 记数；数值为 2 时，星期从星期一开始，星期内的天数从 1~7 记数。

WEEKNUM 函数说明如下图（左）所示。

7.1.8　TODAY 函数——显示当前日期

作用：返回当前日期的序列号。序列号是 **Excel** 日期和时间计算使用的日期–时间代码。如果在输入函数前，单元格的格式为"常规"，**Excel** 会将单元格格式更改为"日期"。如果要查看序列号，则必须将单元格格式更改为"常规"或"数值"。

语法：**TODAY()**

TODAY 函数没有参数。

TODAY 函数说明如下图（右）所示。

7.1.9　YEAR 函数——返回日期的年份

作用：返回某日期的年份，返回值为 **1900~9999** 之间的整数。

语法：**YEAR(serial_number)**

serial_number 是一个日期值，包括要查找的年份。

下面使用 YEAR 函数计算年龄，具体操作方法如下：

01 **输入公式**　选择 C2 单元格，输入公式，如下图所示。

02 **计算结果**　按【Enter】键，显示现在的年龄，如下图所示。

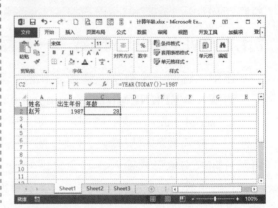

7.1.10　MONTH 函数——返回日期的月份

作用：返回以系列数表示的日期中的月份，月份是 **1~12** 之间的整数。

语法：**MONTH(serial_number)**

serial_number 表示将要计算其月份数的日期。应使用 DATE 函数输入日期，或者将函数作为其他公式或函数的结果输入。例如，使用函数 DATE(2013,4,20)输入 2013 年 4 月 20 日。

注意，如果日期以文本形式输入，则会出现问题。

MONTH 函数说明如下图所示。

7.2 时间函数

Excel 中的时间也存在相应的序列号，表示时间的序列号以纯小数表示，即每个时间可分别用一个小数表示。例如，12:00 用小数表示则显示 0.5。时间函数主要是利用 Excel 工作表中自带的函数对工作表中的时间进行处理的一种函数。利用该函数可以返回指定时间的小时数、时间的序列号等。通过对时间的处理可使时间细化，以方便数据统计。

7.2.1 TIME 函数——返回时间

作用：用于将指定的小时、分钟和秒合并为时间。

语法：**TIME(hour，minute，second)**

hour 表示小时，为 0~32767 之间的值。

minute 表示分钟，为 0~32767 之间的值。

second 表示秒，为 0~32767 之间的值。

◎ **小时溢出**：如果参数 hour 的值大于 23，则系统会自动除以 24，然后取余数作为返回的小时数。

◎ **分钟溢出**：如果参数 minute 的值大于 59，则系统会自动除以 60，然后将商转换为小时数，将余数作为分钟数。

◎ **秒溢出**：如果参数 second 的值大于 59，则系统会自动除以 60，然后将商转换为小时数、分钟数和秒。

TIME 函数说明如下图（左）所示。

7.2.2 HOUR 函数——返回小时数

作用：返回时间值的小时数，即一个介于 **0（12:00AM）– 23（11:00PM）**之间的整数。

时间有多种输入方式：带引号的文本字符串（如**"6:45PM"**）、十进制数（如 **0.78125** 表示 **6:45PM**）或其他公式或函数的结果（例如 **TIMEVALUE("6:45PM")**）。

语法：**HOUR(serial_number)**

serial_number 表示一个时间值，其中包含要查找的小时。

HOUR 函数说明如下图（右）所示。

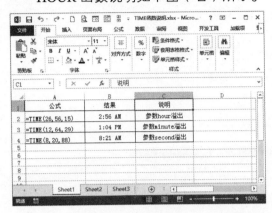 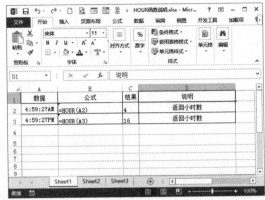

7.2.3 MINUTE 函数——返回分钟数

作用：返回时间值中的分钟，为一个介于 **0~59** 之间的整数。

语法：**MINUTE(serial_number)**

serial_number 表示一个时间值，其中包含要查找的分钟。

MINUTE 函数说明如下图（左）所示。

7.2.4 SECOND 函数——返回秒数

作用：返回时间值的秒数，返回的秒数为 **0~59** 之间的整数。

语法：**SECOND(serial_number)**

serial_number 表示一个时间值，其中包含要查找的秒数。

SECOND 函数说明如下图（右）所示。

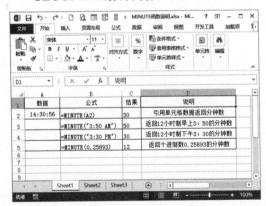 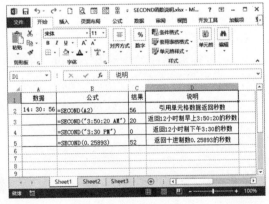

7.2.5 TIMEVALUE 函数——转换时间

作用：返回由文本字符串所代表的时间的小数值。该小数值为 **0~0.99999999** 之间的数值，代表从 **0:00:00(12:00:00AM)** 到 **23:59:59(11:59:59PM)** 之间的时间。

语法：**TIMEVALUE(time_text)**

time_text 为一文本字符串，代表以 MicrosoftExcel 时间格式表示的时间（例如，代表时间的具有引号的文本字符串"6:45PM"和"18:45"）。

TIMEVALUE 函数说明如下图（左）所示。

7.2.6 NOW 函数——显示当前日期和时间

作用：返回当前的时间。包含公式的单元格格式设置不同，则返回的日期和时间的格式也不相同。

语法：**NOW()**

NOW 函数为无参函数。

NOW 函数说明如下图（右）所示。

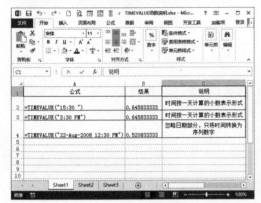 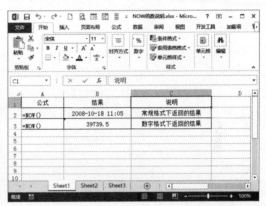

Chapter

08

财务函数的应用

　　Excel 工作表中自带了许多财务函数，使用这些函数可以进行财务方面的计算，如计算支付额、支付次数、累计额和利率等。财务函数为财务分析提供了极大的方便，并在很大程度上节省了财务方面的运作时间。本章将对这些财务函数的使用方法和技巧进行详细介绍。

本章要点

- 贷款计算函数
- 投资计算函数
- 计算折旧值
- 证券的计算
- 国库券的计算
- 分数与小数格式转换函数

知识等级

Excel 中级读者

建议学时

建议学习时间为 80 分钟

8.1 贷款计算函数

从银行进行贷款时，贷款利息及还金额的计算非常复杂，但是使用一些函数可以很方便地计算出来，下面将介绍一些与贷款相关的函数。

8.1.1 COUPNUM 函数——返回结算日与到期日之间的付息次数

作用：返回在结算日和到期日之间的付息次数，向上舍入到最近的整数。

语法：**COUPNUM(settlement,maturity,frequency,basis)**

◎ settlement 为证券的结算日。结算日是在发行日之后证券卖给购买者的日期。

◎ maturity 为有价证券的到期日。到期日是有价证券有效期截止时的日期。

◎ frequency 为年付息次数，如果按年支付，frequency=1；按半年期支付，frequency=2；按季支付，frequency=4。

◎ basis 为日计数基准类型，值介于 0~4 之间。

某客户买的债券，结算日期为 2008 年 8 月 8 日，到 2015 年 6 月 6 日到期，期间按半年期支付利息，用 COUPNUM 函数计算期间利息支付次数，具体操作方法如下：

01 输入公式 选择 E2 单元格，输入公式，如下图所示。

02 计算结果 按【Enter】键，得出结果，如下图所示。

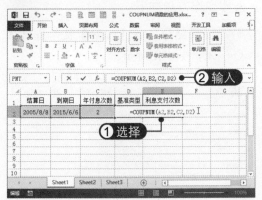

8.1.2 CUMIPMT 函数——返回两个周期间累计支付利息

作用：返回一笔贷款在给定的付款期间累计偿还的利息数额。

语法：**CUMIPMT(rate,nper,pv,start_period,end_period,type)**

◎ rate 为各期利率。nper 为总付款期数。pv 为现值，即本金。

◎ start_period 为计算中的首期，付款期数从 1 开始计数。

◎ end_period 为计算中的末期。

◎ type 为付款时间类型，期初支付指定为 1，期末支付指定为 0。

如果贷款 20 万元，贷款期限为 20 年，年利率为 5.9%，使用 CUMIPMT 函数计算第三年（第 25 月至第 36 月）偿还的利息，具体操作方法如下：

01 输入公式　选择 D2 单元格，输入公式，如下图所示。

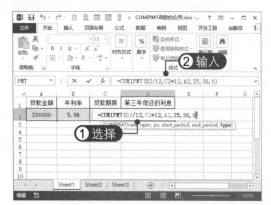

02 计算结果　按【Enter】键，得出结果，如下图所示。

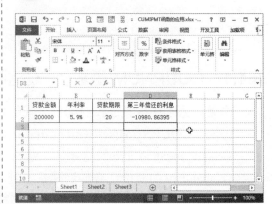

8.1.3　CUMPRINC 函数——返回两个周期间支付本金的总额

作用：返回一笔贷款在给定的付款期间累计偿还的本金数额。

语法：**CUMPRINC(rate,nper,pv,start_period,end_period,type)**

各参数的含义与 CUMIPMT 函数中的参数含义相同，在此不再赘述。

如果贷款 20 万元，贷款期限为 20 年，年利率为 5.9%，使用 CUMPRINC 函数计算第三年（第 25 月至第 36 月）偿还的本金，具体操作方法如下：

01 输入公式　选择 D2 单元格，输入公式，如下图所示。

02 计算结果　按【Enter】键，得出结果，如下图所示。

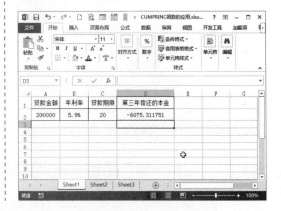

8.1.4　IPMT 函数——返回一笔投资在给定期间内支付的利息

作用：基于固定利率及等额分期付款方式，返回给定期数内对投资的利息偿还额。

语法：**IPMT(rate,per,nper,pv,fv,type)**

◎ rate 为贷款利率。

◎ per 用于计算其利息数额的期数，必须在 1~nper 之间。

◎ nper 为总投资期，即该项投资的付款期总数。

◎ pv 为现值，或一系列未来付款的当前值的累积和。

◎ fv 为未来值，或在最后一次付款后希望得到的现金余额。

◎ type 为数字 0 或 1，用于指定各期的付款时间是在期初还是期末。

如果贷款 20 万元，贷款期限为 20 年，年利率为 5.9%，用 IPMT 函数计算第一个月需要还款金额中的利息和最后一年需要还款金额中的利息，具体操作方法如下：

01 输入公式 选择 D2 单元格，输入公式，如下图所示。

02 计算结果 按【Enter】键，得出第一个月应付利息的金额，如下图所示。

03 输入公式 选择 E2 单元格，输入公式如下图所示。

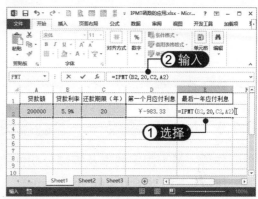

04 计算结果 按【Enter】键，得出最后一年应付利息金额，如下图所示。

8.1.5 ISPMT 函数——计算特定期间内要支付的利息

作用：计算特定投资期内要支付的利息。

语法：**ISPMT(rate,per,nper,pv)**

◎ rate 为投资的利率。

◎ per 为要计算利息的期数，此值必须在 1~nper 之间。

◎ nper 为投资的总支付期数。

◎ pv 为投资的当前值。对于贷款，pv 为贷款数额。

如果贷款 20 万元，贷款期限为 20 年，年利率为 5.9%，用 ISPMT 函数计算第 20 次支付的利息，具体操作方法如下：

01 输入公式 选择 E2 单元格，输入公式，如下图所示。

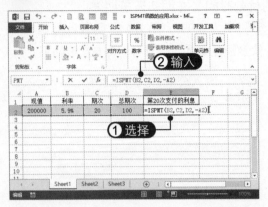

02 计算结果 按【Enter】键，得出结果，如下图所示。

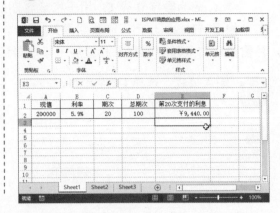

8.1.6 NPER 函数——返回投资的期数

作用：基于固定利率及等额分期付款方式，返回某项投资的总期数。

语法：**NPER(rate,pmt,pv,fv,type)**

◎ rate 为各期利率。

◎ pmt 为各期所应支付的金额，其数值在整个年金期间保持不变。通常 pmt 包括本金和利息，但不包括其他费用或税款。

◎ pv 为现值，或一系列未来付款的当前值的累积和。

◎ fv 为未来值，或在最后一次付款后希望得到的现金余额。

◎ type 为数字 0 或 1，用于指定各期的付款时间是在期初还是期末。

如果贷款 20 万元，贷款的年利率为 5.9%，预计每月可还款 2000 元，用 NPER 函数可以计算出还清贷款的年限，具体操作方法如下：

01 输入公式 选择 D2 单元格，输入公式，如下图所示。

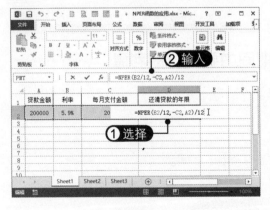

02 计算结果 按【Enter】键，得出结果，如下图所示。

8.1.7 PMT 函数——计算每期支付金额

作用：基于固定利率及等额分期付款方式，返回贷款的每期付款额。

语法：**PMT(rate,nper,pv,fv,type)**

◎ rate 表示贷款利率。

◎ nper 表示该项贷款的付款总数。

◎ pv 表示现值（或称为本金），或一系列未来付款的当前值的累积和。

◎ fv 表示为未来值，或在最后一次付款后希望得到的现金余额。

◎ type 为 0 或 1，用于指定各期的付款时间是在期初还是期末。

如果贷款 20 万元，贷款期限为 20 年，年利率为 5.9%，用 PMT 函数计算按年偿还每年应偿还的金额，具体操作方法如下：

01 **选择命令** 选择 D2 单元格，单击"财务"按钮，选择 PMT 命令，如下图所示。

03 **查看效果** 此时即可看到按年每期还款的金额，如下图所示。

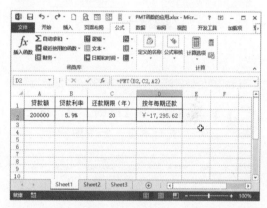

02 **输入命令** 分别输入 B2、C2、A2，单击"确定"按钮，如下图所示。

知识加油站

PMT 返回的支付款项包括本金和利息，但不包括税款、保留支付或某些与贷款有关的费用。

8.1.8 PPMT 函数——求偿还额的本金部分

作用：基于固定利率及等额分期付款方式，返回投资在某一给定期间内的本金偿还额。

语法：**PPMT(rate,per,nper,pv,fv,type)**

◎ rate 为贷款利率。

◎ per 用于计算其利息数额的期数，必须在 1~nper 之间。

◎ nper 为总投资期，即该项投资的付款期总数。

◎ pv 为现值，或一系列未来付款的当前值的累积和。

◎ fv 为未来值，或在最后一次付款后希望得到的现金余额。

◎ type 为数字 0 或 1，用于指定各期的付款时间是在期初还是期末。

如果贷款 20 万元，贷款期限为 20 年，年利率为 5.9%，用 PPMT 函数计算第一个月的本金支付和最后一年的本金支付金额，具体操作方法如下：

01 **输入公式** 选择 D2 单元格，输入公式，如下图所示。

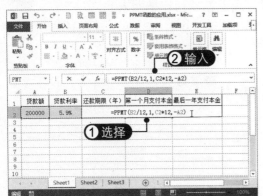

03 **输入公式** 选择 E2 单元格，输入公式，如下图所示。

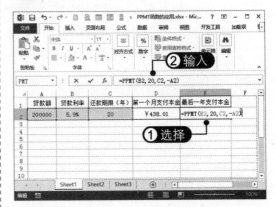

02 **计算结果** 按【Enter】键，得出第一个月支付本金，如下图所示。

04 **计算结果** 按【Enter】键，得出最后一年支付本金，如下图所示。

8.1.9 RATE 函数——返回年金的各期利率

作用：返回年金的各期利率。

语法：**RATE(nper,pmt,pv,fv,type,guess)**

◎ nper 为总投资期，即该项投资的付款期总数。

◎ pmt 为各期所应支付的金额，其数值在整个年金期间保持不变。

◎ pv 为现值，即从该项投资开始计算时已经入账的款项，或一系列未来付款当前值的累积和，也称为本金。

◎ fv 为未来值，或在最后一次付款后希望得到的现金余额。如果省略 fv，则假设其值为 0（例如，一笔贷款的未来值即为 0）。

◎ type 为数字 0 或 1，用于指定各期的付款时间是在期初还是期末。

◎ guess 为预期利率。

如果贷款 20 万元，贷款期限为 20 年，每月支付 2000 元，用 RATE 函数计算贷款的年利率，具体操作方法如下：

01 输入公式 选择 D2 单元格，输入公式，如下图所示。

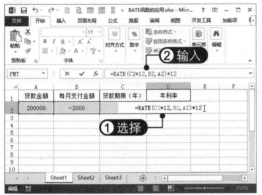

02 计算结果 按【Enter】键，得出结果，如下图所示。

8.2 投资计算函数

在进行一些金融投资时，需要计算出未来值、收益率等一些参数，下面将介绍与投资相关的一些函数的使用方法。

8.2.1 FV 函数——返回一笔投资的未来值

作用：基于固定利率及等额分期付款方式，返回某项投资的未来值。

语法：**FV(rate,nper,pmt,pv,type)**

◎ rate 为各期利率。

◎ nper 为总投资期，即该项投资的付款期总数。

◎ pmt 为各期所应支付的金额，其数值在整个年金期间保持不变。

◎ pv 为现值，或一系列未来付款的当前值的累积和。

◎ type 为数字 0 或 1，用于指定各期的付款时间是在期初还是期末。

某用户做一项投资，首次投资金额为 10000 元，以后每月定期投资 800 元，总投资期限为 5 年，年利率为 6.3%，使用 FV 函数计算该用户 5 年后的投资的未来值，具体操作方法如下：

01 输入公式 选择 E2 单元格，输入公式，如下图所示。

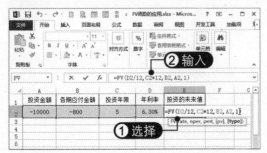

02 计算结果 按【Enter】键，得出结果，如下图所示。

8.2.2　FVSCHEDULE 函数——返回一系列复利率计算的未来值

作用：基于复利计算变动利率的情况下，返回本金的未来值。

语法：**FVSCHEDULE(principal,schedule)**

◎ principal 为现值。

◎ schedule 为利率数组。

下面使用 FVSCHEDULE 函数计算一项本金的未来值，具体操作方法如下：

01 **输入公式**　选择 E2 单元格，输入公式，如下图所示。

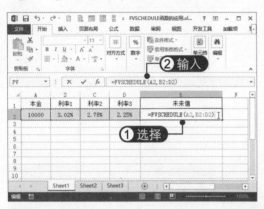

02 **计算结果**　按【Enter】键，得出未来值，如下图所示。

8.2.3　IRR 函数——计算一系列现金流的内部收益率

作用：返回由数值代表的一组现金流的内部收益率。这些现金流不必为均衡的，但作为年金它们必须按固定的间隔产生，如按月或按年。

语法：**IRR(values,guess)**

◎ values 为数组或单元格的引用，包含用来计算返回的内部收益率的数字。

◎ guess 为对函数 IRR 计算结果的估计值。guess 参数为可选参数，Excel 使用迭代法计算函数 IRR。从 guess 开始，函数 IRR 进行循环计算，直至结果的精度达到 0.00001%。如果函数 IRR 经过 20 次迭代，仍未找到结果，则返回错误值#NUM!。

下面使用 IRR 函数计算定期内投资的内部收益率，具体操作方法如下：

01 **输入公式**　选择 B8 单元格，输入公式，如下图所示。

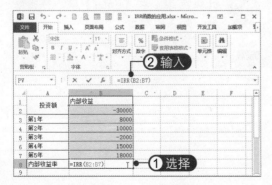

02 **计算结果**　按【Enter】键，得出结果，如下图所示。

8.2.4 NPV 函数——计算非固定回报投资

作用：通过使用贴现率以及一系列未来支出（负值）和收入（正值），返回一项投资的净现值。

语法：NPV(rate,value1,value2,...)

◎ rate 为某一期间的贴现率，为一固定值。

◎ value1,value2,...代表支出及收入的 1~254 个参数。

函数 NPV 假定投资开始于 value1 现金流所在日期的前一期，并结束于最后一笔现金流的当期。

下面使用 NPV 函数计算一项投资的净现值，具体操作方法如下：

01 输入公式 选择 C3 单元格，输入公式，如下图所示。

02 计算结果 按【Enter】键，得出净现值，如下图所示。

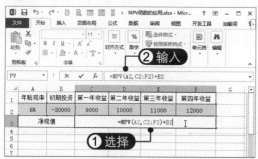
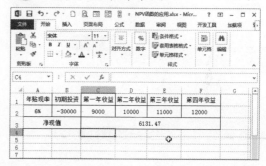

8.2.5 PV 函数——返回投资的现值

作用：返回投资的现值。现值为一系列未来付款的当前值的累积和。

语法：PV(rate,nper,pmt,fv,type)

◎ rate 为各期利率。

◎ nper 为总投资期，即该项投资的付款期总数。

◎ pmt 为各期所应支付的金额，其数值在整个年金期间保持不变。

◎ fv 为未来值，或在最后一次支付后希望得到的现金余额，如果省略 fv，则假设其值为零；如果忽略 fv，则必须包含 pmt 参数。

◎ type 为数字 0 或 1，用于指定各期的付款时间是在期初还是期末。

下面使用 PV 函数计算投资的现值，具体操作方法如下：

01 输入公式 选择 D2 单元格，输入公式，如下图所示。

02 计算结果 按【Enter】键，得出结果，如下图所示。

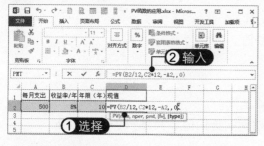

8.2.6 XIRR 函数——计算不定期现金流的内部收益率

作用：返回一组不定期内产生的现金流的内部收益率。

语法：**XIRR(values,dates,guess)**

◎ values 表示用来计算返回的内部收益率的数字，必须以数组类型输入。

◎ dates 表示与现金流支付相对应的支付日期表。第一个支付日期代表支付表的开始。其他日期应迟于该日期，但可按任何顺序排列。

◎ guess 为对函数 XIRR 计算结果的估计值。

下面使用 XIRR 函数计算不定期内投资的内部收益率，具体操作方法如下：

01 输入公式 选择 B7 单元格，输入公式，如下图所示。

02 计算结果 按【Enter】键，得出结果，如下图所示。

8.3 计算折旧值

计算折旧值的函数有 DB 函数、SLN 函数、SYD 函数和 AMORDEGRC 函数，下面将分别对其进行详细介绍。

8.3.1 AMORDEGRC 函数——计算结算期间的折旧值

作用：返回每个结算期间的折旧值。该函数主要为法国会计系统提供。如果某项资产是在该结算期的中期购入的，则按直线折旧法计算。

语法：**AMORDEGRC(cost,date_purchased,first_period,salvage,period,rate,basis)**

◎ cost 为资产原值。

◎ date_purchased 为购入资产的日期。

◎ first_period 为第一个期间结束时的日期。

◎ salvage 为资产在使用寿命结束时的残值。

◎ period 为期间。

◎ rate 为折旧率。

◎ basis 为所使用的年基准，值介于 0~4 之间。

下面使用 AMORDEGRC 函数计算结算期间的折旧值，具体操作方法如下：

01 输入公式　选择 B8 单元格，输入公式，如下图所示。

②输入

①选择

02 计算结果　按【Enter】键，得出折旧值，如下图所示。

8.3.2　DB 函数——使用固定余额递减法计算资产的折旧值

作用：使用固定余额递减法计算一笔资产在给定期间内的折旧值。

语法：**DB(cost,salvage,life,period,month)**

◎ cost 为资产原值。

◎ salvage 为资产在折旧期末的价值（有时也称为资产残值）。

◎ life 为折旧期限（有时也称为资产的使用寿命）。

◎ period 为需要计算折旧值的期间。period 必须使用与 life 相同的单位。

◎ month 为第 1 年的月份数，如省略，则假设为 12。

假设某机器资产原值为 5 万元，资产残值为 8 000 元，使用期限为 4 年，使用 DB 函数按固定余额递减法计算每年的折旧值，具体操作方法如下：

01 输入公式　选择 B5 单元格，输入公式，如下图所示。

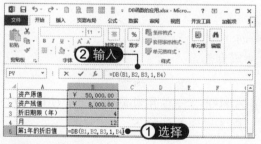

②输入

①选择

03 计算其它结果　同样计算其他年限的折旧值，如下图所示。

02 计算结果　按【Enter】键，得出结果，如下图所示。

知识加油站

固定资产折旧简称折旧，是对固定资产由于磨损和损耗而转移到成本费用中的那一部分价值的补偿。

8.3.3 SLN 函数——返回固定资产的每期线性折旧值

作用：返回某项资产在一个期间中的线性折旧值。

语法：**SLN(cost,salvage,life)**

◎ cost 为资产原值。

◎ salvage 为资产在折旧期末的价值（有时也称为资产残值）。

◎ life 为折旧期限（有时也称为资产的使用寿命）。

假设某机器资产原值为 5 万元，资产残值为 8000 元，使用期限为 4 年，使用 SLN 函数按线性折旧法计算每年的折旧值，具体操作方法如下：

01 输入公式　选择 B4 单元格，输入公式，如下图所示。

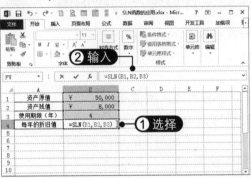

02 计算结果　按【Enter】键，得出每年的折旧值，如下图所示。

8.3.4 SYD 函数——求按年限总和折旧法计算的每期折旧值

作用：返回某项资产按年限总和折旧法计算的指定期间的折旧值。

语法：**SYD(cost,salvage,life,per)**

◎ cost 为资产原值。

◎ salvage 为资产在折旧期末的价值（有时也称为资产残值）。

◎ life 为折旧期限（有时也称为资产的使用寿命）。

◎ per 为期间，其单位与 life 相同。

假设某机器资产原值为 5 万元，资产残值为 8000 元，使用期限为 4 年，使用 SYD 函数按年限总和折旧法计算第 2 年的折旧值，具体操作方法如下：

01 输入公式　选择 B4 单元格，输入公式，如下图所示。

02 计算结果　按【Enter】键，得出折旧值，如下图所示。

8.4 证券的计算

证券的计算十分复杂，涉及证券的价格、收益率等。下面将详细介绍证券计算中经常用到的几个函数，其中包括 PRICEMAT 函数、YIELDMAT 函数、ACCRINT 函数、ACCRINTM 函数和 YIELD 函数等。

8.4.1 ACCRINT 函数——计算证券的利息

作用：返回定期付息证券的应计利息。

语法：**ACCRINT(issue,first_interest,settlement,rate,par,frequency,basis,calc_method)**

◎ issue 为有价证券的发行日。

◎ first_interest 为证券的首次计息日。

◎ settlement 为证券的结算日，即在发行日之后卖给购买者证券的日期。

◎ rate 为有价证券的年息票利率。

◎ par 为证券的票面值，如果省略此参数，则 ACCRINT 使用￥1000。

◎ frequency 为年付息次数，如果按年支付，frequency=1；按半年期支付，frequency=2；按季支付，frequency=4。

◎ basis 为日计数基准类型。

下面使用 ACCRINT 函数计算定期支付利息的债券的应计利息，具体操作方法如下：

01 **输入公式** 选择 B8 单元格，输入公式，如下图所示。

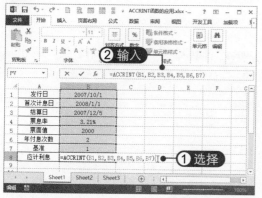

02 **计算结果** 按【Enter】键，得出债券的应计利息，如下图所示。

8.4.2 COUPPCD 函数——返回结算日之前的上一付息日

作用：返回表示结算日之前的付息日的数字。

语法：**COUPPCD(settlement,maturity,frequency,basis)**

◎ settlement 为证券的结算日，即在发行日之后卖给购买者证券的日期。

◎ maturity 为有价证券的到期日。到期日是有价证券有效期截止时的日期。

◎ frequency 为年付息次数，如果按年支付，frequency=1；按半年期支付，frequency=2；按季支付，frequency=4。

◎ basis 为日计数基准类型。

下面使用COUPPCD函数计算2年期债券结算日之前的付息日，具体操作方法如下：

01 **输入公式** 选择 B5 单元格，输入公式，如下图所示。

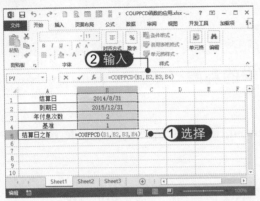

02 **计算结果** 按【Enter】键，得出结算日之前的付息日，如下图所示。

8.4.3 DISC 函数——计算证券的贴现率

作用：返回有价证券的贴现率。

语法：**DISC(settlement,maturity,pr,redemption,basis)**

◎ settlement 为证券的结算日，即在发行日之后卖给购买者证券的日期。

◎ maturity 为有价证券的到期日。到期日是有价证券有效期截止时的日期。

◎ pr 为面值￥100 的有价证券的价格。

◎ redemption 为面值￥100 的有价证券的清偿价值。

◎ basis 为日计数基准类型。

下面使用 DISC 函数计算证券的贴现率，具体操作方法如下：

01 **输入公式** 选择 B6 单元格，输入公式，如下图所示。

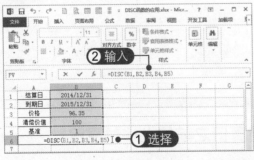

02 **计算结果** 按【Enter】键，得出证券的贴现率，如下图所示。

8.4.4 INTRATE 函数——返回完全投资型债券的利率

作用：返回一次性付息证券的利率。

语法：**INTRATE(settlement,maturity,investment,redemption,basis)**

◎ settlement 为证券的结算日，即在发行日之后卖给购买者证券的日期。

◎ maturity 为有价证券的到期日。到期日是有价证券有效期截止时的日期。

◎ investment 为有价证券的投资额。

◎ redemption 为有价证券到期时的清偿价值。basis 为日计数基准类型。

下面使用 INTRATE 函数计算完全投资型证券的利率，具体操作方法如下：

01 输入公式　选择 B6 单元格，输入公式，如下图所示。

02 计算结果　按【Enter】键，得出证券的利率，如下图所示。

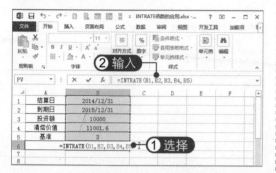

8.4.5　PRICEMAT 函数——计算到期付息的有价证券价格

作用：返回到期付息的面值 ¥100 的有价证券的价格。

语法：**PRICEMAT(settlement,maturity,issue,rate,yld,basis)**

◎ settlement 为证券的结算日，即在发行日之后卖给购买者证券的日期。

◎ maturity 为有价证券的到期日。到期日是有价证券有效期截止时的日期。

◎ issue 为有价证券的发行日，以时间序列号表示。

◎ rate 为有价证券在发行日的利率。

◎ yld 为有价证券的年收益率。

◎ basis 为日计数基准类型。

下面使用 PRICEMAT 函数计算面值 ¥100 到期日支付利息的债券价格，具体操作方法如下：

01 输入公式　选择 B7 单元格，输入公式，如下图所示。

02 计算结果　按【Enter】键，得出价格，如下图所示。

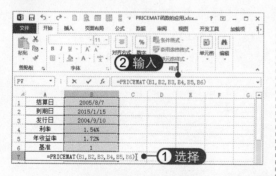

8.4.6　RECEIVED 函数——计算有价证券的金额

作用：返回一次性付息的有价证券到期收回的金额。

语法：**RECEIVED(settlement,maturity,investment,discount,basis)**

◎ settlement 为证券的结算日，即在发行日之后卖给购买者证券的日期。

◎ maturity 为有价证券的到期日。到期日是有价证券有效期截止时的日期。

◎ investment 为有价证券的投资额。

◎ discount 为有价证券的贴现率。

◎ basis 为日计数基准类型。

下面使用 RECEIVED 函数计算完全投资型债券在到期日收回的金额，具体操作方法如下：

01 输入公式 选择 B6 单元格，输入公式，如下图所示。

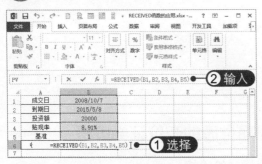

02 计算结果 按【Enter】键，得出收回金额，如下图所示。

8.4.7 YIELD 函数——返回定期支付利息的债券的收益率

作用：返回定期付息有价证券的收益率，函数 YIELD 用于计算债券收益率。

语法：**YIELD(settlement,maturity,rate,pr,redemption,frequency,basis)**

◎ settlement 为证券的结算日，即在发行日之后卖给购买者证券的日期。

◎ maturity 为有价证券的到期日。到期日是有价证券有效期截止时的日期。

◎ rate 为有价证券的年息票利率。

◎ pr 为面值 ¥100 的有价证券的价格。

◎ redemption 为面值 ¥100 的有价证券的清偿价值。

◎ frequency 为年付息次数，如果按年支付，frequency=1；按半年期支付，frequency=2；按季支付，frequency=4。

◎ basis 为日计数基准类型。

下面使用 YIELD 函数计算债券的收益率，具体操作方法如下：

01 输入公式 选择 B8 单元格，输入公式，如下图所示。

02 计算结果 按【Enter】键，得出债券的收益率，如下图所示。

8.4.8 YIELDMAT 函数——计算年收益率

作用：返回到期付息的有价证券的年收益率。

语法：**YIELDMAT(settlement,maturity,issue,rate,pr,basis)**

◎ settlement 为证券的结算日，即在发行日之后卖给购买者证券的日期。

◎ maturity 为有价证券的到期日。到期日是有价证券有效期截止时的日期。

◎ issue 为有价证券的发行日，以时间序列号表示。

◎ rate 为有价证券在发行日的利率。

◎ pr 为面值￥100 的有价证券的价格。

◎ basis 为日计数基准类型。

下面使用 YIELDMAT 函数计算有价债券的年收益率，具体操作方法如下：

01 **输入公式** 选择 B7 单元格，输入公式，如下图所示。

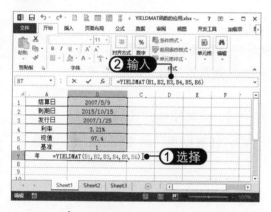

02 **计算结果** 按【Enter】键，得出债券的年收益率，如下图所示。

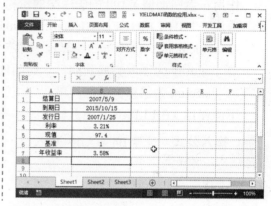

8.5 国库券的计算

计算国库券的函数有 TBILLEQ 函数、TBILLPRICE 函数和 TBILLYIELD 函数，下面将分别对其进行详细介绍。

8.5.1 TBILLEQ 函数——返回国库券的等价债券收益率

作用：返回国库券的等价债券收益率。

语法：**TBILLEQ(settlement,maturity,discount)**

◎ settlement 为国库券的结算日，即在发行日之后卖给购买者国库券的日期。

◎ maturity 为国库券的到期日。到期日是国库券有效期截止时的日期。

◎ discount 为国库券的贴现率。

下面使用 TBILLEQ 函数计算国库券的等价债券收益率，具体操作方法如下：

01 输入公式 选择 B4 单元格, 输入公式, 如下图所示。

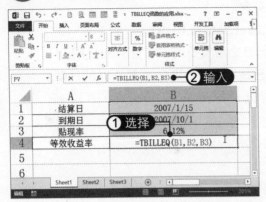

02 计算结果 按【Enter】键, 得出国库券等价债券收益率, 如下图所示。

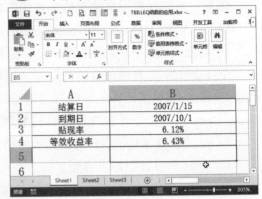

8.5.2 TBILLPRICE 函数——计算国库券的价格

作用: 返回面值 ¥100 的国库券的价格。

语法: **TBILLPRICE(settlement,maturity,discount)**

◎ settlement 为国库券的结算日, 即在发行日之后卖给购买者国库券的日期。

◎ maturity 为国库券的到期日。到期日是国库券有效期截止时的日期。

◎ discount 为国库券的贴现率。

下面使用 TBILLPRICE 函数计算国库券的价格, 具体操作方法如下:

01 输入公式 选择 B4 单元格, 输入公式, 如下图所示。

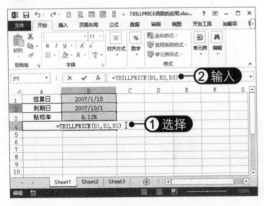

02 计算结果 按【Enter】键, 得出国库券的价格, 如下图所示。

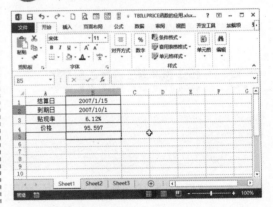

8.5.3 TBILLYIELD 函数——返回国库券的收益率

作用: 返回国库券的收益率。

语法: **TBILLYIELD(settlement,maturity,pr)**

◎ settlement 为国库券的结算日, 即在发行日之后卖给购买者国库券的日期。

◎ maturity 为国库券的到期日。到期日是国库券有效期截止时的日期。

◎ pr 为面值 ¥100 的国库券的价格。

下面使用 TBILLYIELD 函数计算国库券的收益率, 具体操作方法如下:

01 **输入公式** 选择 B4 单元格，输入公式，如下图所示。

02 **计算结果** 按【Enter】键，得出国库券的收益率，如下图所示。

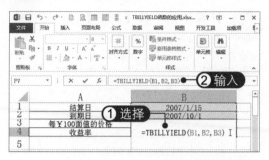

8.6 分数与小数格式转换函数

使用 DOLLARDE 函数和 DOLLARFR 函数可以实现分数和小数的转换。下面将详细介绍这两种函数的使用方法与技巧。

8.6.1 DOLLARDE 函数——将分数价格转换为小数价格

作用：将按分数表示的价格转换为按小数表示的价格，使用 DOLLARDE 函数可以将分数表示的金额数字（如证券价格）转换为小数表示的数字。

语法：**DOLLARDE(fractional_dollar,fraction)**

◎ fractional_dollar 为以分数表示的数字。

◎ fraction 为分数中的分母，是一个整数。

下面使用 DOLLARDE 函数将 0.333/4 转换为用小数表示的价格，具体操作方法如下：

01 **输入公式** 选择 B3 格，输入公式，如下图所示。

02 **计算结果** 按【Enter】键，得出结果，如下图所示。

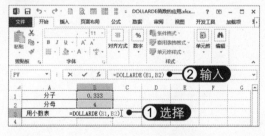

8.6.2 DOLLARFR 函数——将小数价格转换为分数价格

作用：将按小数表示的价格转换为按分数表示的价格。使用 DOLLARFR 函数可以将小数表示的金额数字（如证券价格）转换为分数型数字。

语法：**DOLLARFR(decimal_dollar,fraction)**

◎ decimal_dollar 为小数。

◎ fraction 为分数中的分母，是一个整数。

下面使用 DOLLARFR 函数将 0.8/4 转换为用分数表示的价格，具体操作方法如下：

01 **输入公式** 选择 B3 单元格，输入公式，如下图所示。

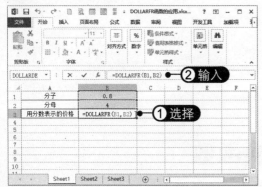

02 **计算结果** 按【Enter】键，得出结果，如下图所示。

Chapter 09

其他常用函数的应用

除了前几章介绍的函数外，还有一些函数在学习和工作中经常用到，如文本函数、信息函数、逻辑函数、数据库函数、查找与引用函数、工程函数等，本章将详细介绍这些函数的使用方法。

本章要点

- 文本函数
- 信息函数
- 逻辑函数
- 数据库函数
- 查找与引用函数
- 工程函数

知识等级

Excel 中级读者

建议学时

建议学习时间为 120 分钟

9.1 文本函数

文本函数是以公式的方式对文本进行处理的一种函数。文本函数主要处理文本中的字符串，也可对文本中的单元格进行直接引用。文本函数按功能不同可分为转换字符函数、转换格式函数、搜索定位函数、合并与舍入字符函数、重复、替换与比较函数等。

9.1.1 ASC 函数——将双字节字符转换为单字节字符

作用：对于双字节字符集（DBCS）语言，将全角（双字节）字符更改为半角（单字节）字符。

语法：**ASC(text)**

text 为文本或对包含要更改文本的单元格的引用。如果文本中不包含任何全角字母，则文本不会更改。

ASC 函数说明如下图（左）所示。

9.1.2 BAHTTEXT 函数——将数字转换为泰语文本

作用：将数字转换为泰语文本并添加后缀"泰铢"。

语法：**BAHTTEXT(number)**

number 为要转换成文本的数字、对包含数字的单元格的引用或结果为数字的公式。

BAHTTEXT 函数说明如下图（右）所示。

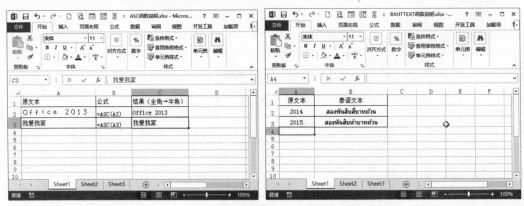

9.1.3 CHAR 函数——返回由数字代码指定的字符

作用：用于返回对应于数字代码的字符，可将其他类型计算机文件中的代码转换为字符。

语法：**CHAR(number)**

number 是用于转换的字符代码，介于 1~255 之间。使用的是当前计算机字符集中的字符。

CHAR 函数说明如下图（左）所示。

9.1.4 CLEAN 函数——删除不能打印的字符

作用：删除文本中不能打印的字符。对从其他应用程序中输入的文本使用 CLEAN 函数，将删除其中含有的当前操作系统无法打印的字符。

语法：**CLEAN(text)**

text 要从中删除非打印字符的任何工作表信息。

CLEAN 函数说明如下图（右）所示。

9.1.5 CODE 函数——返回文本字符串的数字代码

作用：返回文本字符串中第一个字符的数字代码。返回的代码对应于计算机当前使用的字符集，返回的代码在 Windows 操作环境中对应使用的字符集为 ANSI 字符集。

语法：**CODE(text)**

text 为需要得到第一个字符代码的文本。

CODE 函数说明如下图所示。

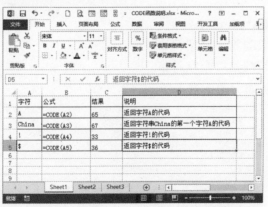

9.1.6 CONCATENATE 函数——合并文本字符串

作用：将两个或多个文本字符串合并为一个文本字符串。

语法：**CONCATENATE(text1,text2,...)**

text1,text2,...为 2~255 个将要合并成单个文本项的文本项。这些文本项可以为文本字符串、数字或对单个单元格的引用。

01 **输入公式** 选择 E2 单元格，输入公式，如下图所示。

02 **计算结果** 按【Enter】键，自动生成称谓，然后用同样的方法生成其他称谓，如下图所示。

9.1.7 DOLLAR 或 RMB 函数——将数值转换为货币格式的文本

作用：**DOLLAR** 或 **RMB** 函数依照货币格式将小数四舍五入到指定的位数并转换成文本。使用的格式为($#,##0.00_);($#,##0.00)。

语法：**DOLLAR** 或 **RMB(number,decimals)**

◎ number 为数字、包含数字的单元格引用，或是计算结果为数字的公式。

◎ decimals 为十进制数的小数位数。

DOLLAR 或 RMB 函数说明如下图（左）所示。

9.1.8 EXACT 函数——比较两个字符串

作用：**EXACT** 函数用于比较两个字符串，如果它们完全相同，则返回 **TRUE**，否则返回 **FALSE**。

语法：**EXACT(text1,text2)**

◎ text1 为待比较的第一个字符串。

◎ text2 为待比较的第二个字符串。

EXACT 函数说明如下图（右）所示。

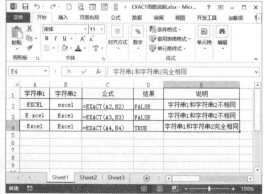

9.1.9 FIND和FINDB函数——搜索文本串在另一个文本串中起始位置

作用：**FIND** 和 **FINDB** 函数用于在第二个文本串中定位第一个文本串，并返回第一个文本串起始位置的值，该值从第二个文本串的第一个字符算起。

语法：**FIND(find_text,within_text,start_num)**

◎ find_text 为要查找的文本。

◎ within_text 包含要查找文本的文本。

◎ start_num 指定要从其开始搜索的字符。within_text 中的首字符是编号为 1 的字符。

FIND 和 FINDB 函数说明如下图所示。

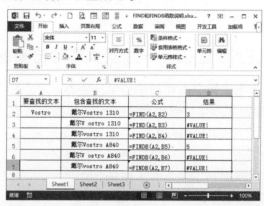

9.1.10 FIXED函数——将数字按指定的小数位数取整

作用：将数字按指定的小数位数进行取整，利用句号和逗号，以小数格式对该数进行格式设置，并以文本形式返回结果。

语法：**FIXED(number,decimals,no_commas)**

◎ number 为要进行舍入并转换为文本的数字。

◎ decimals 为十进制数的小数位数。

◎ no_commas 为一个逻辑值，如果为 TRUE，则会禁止 FIXED 在返回的文本中包含逗号。

下面使用 FIXED 函数将数字按指定的小数位数取整，具体操作方法如下：

01 输入公式 选择 B2 单元格，输入公式，如下图所示。

02 计算结果 按【Enter】键，得出结果，然后使用自动填充功能将公式复制到该列的其他单元格中，如下图所示。

9.1.11 LEFT 和 LEFTB 函数——返回字符串左侧指定的字符

作用：**LEFT** 函数用于根据所指定的字符数返回文本字符串中第一个或前几个字符。

LEFTB 函数用于基于所指定的字节数返回文本字符串中的第一个或前几个字符。

语法：**LEFT(text,num_chars)**　　**LEFTB(text,num_bytes)**

◎ text 是包含要提取的字符的文本字符串。

◎ num_chars 指定要由 LEFT 提取字符数量。

◎ num_bytes 按字节指定要由 LEFTB 提取字符数量。

LEFT 和 LEFTB 函数说明如下图（左）所示。

9.1.12 LEN 和 LENB 函数——返回文本字符串的字符数

作用：**LEN** 函数用于返回文本字符串中的字符数。

LENB 函数用于返回文本字符串中用于代表字符的字节数。

语法：**LEN(text)**　　**LENB(text)**

text 是要查找其长度的文本。空格将作为字符进行计数。

LEN 和 LENB 函数说明如下图（右）所示。

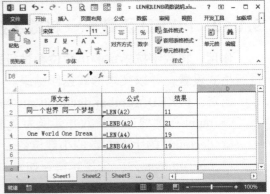

9.1.13 LOWER 函数——将大写字母转换为小写字母

作用：将一个文本字符串中的所有大写字母转换为小写字母。

语法：**LOWER(text)**

text 是要转换为小写字母的文本。函数 LOWER 不改变文本中非字母的字符。

LOWER 函数说明如下图（左）所示。

9.1.14 MID 和 MIDB 函数——提取指定长度的字符串

作用：**MID** 函数用于返回文本字符串中从指定位置开始的特定数目字符，该数目由用户指定。

MIDB 函数用于根据用户指定的字节数返回文本字符串中从指定位置开始的特定数目的字符。

语法：**MID(text,start_num,num_chars)**

MIDB(text,start_num,num_bytes)

◎ text 是包含要提取字符的文本字符串。

◎ start_num 是文本中要提取的第一个字符的位置。文本中第一个字符的 start_num 为 1，依此类推。

◎ num_chars 指定希望 MID 函数从文本中返回字符的个数。

◎ num_bytes 指定希望 MIDB 函数从文本中返回字符的个数（按字节）。

MID 和 MIDB 函数说明如下图（右）所示。

 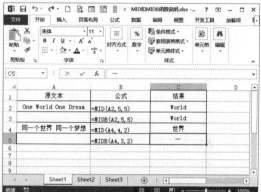

9.1.15 PROPER 函数——将文本值每个字的首字母大写

作用：将文本字符串的首字母及任何非字母字符之后的首字母转换成大写，将其余的字母转换成小写。

语法：**PROPER(text)**

text 包括在一组双引号中的文本字符串、返回文本值的公式或是对包含文本的单元格的引用。

PROPER 函数说明如下图（左）所示。

9.1.16 REPLACE 和 REPLACEB 函数——用于替换字符

作用：**REPLACE** 函数使用其他文本字符串并根据所指定的字符数替换某文本字符串中的部分文本。**REPLACEB** 函数使用其他文本字符串并根据所指定的字节数替换某文本字符串中的部分文本。

语法：**REPLACE(old_text,start_num,num_chars,new_text)**

REPLACEB(old_text,start_num,num_bytes,new_text)

◎ old_text 为要替换其部分字符的文本。

◎ start_num 为要用 new_text 替换的 old_text 中字符的位置。

◎ num_chars 为希望 REPLACE 使用 new_text 替换 old_text 中字符的个数。

◎ num_bytes 为希望 REPLACEB 使用 new_text 替换 old_text 中字节的个数。

◎ new_text 为要用于替换 old_text 中字符的文本。

REPLACE 和 REPLACEB 函数说明如下图（右）所示。

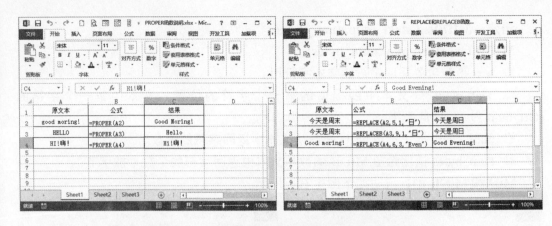

9.1.17　REPT 函数——按照给定的次数重复显示文本

作用：按照给定的次数重复显示文本。可以通过 **REPT** 函数来不断地重复显示某一文本字符串，对单元格进行填充。

语法：**REPT(text,number_times)**

◎ text 为需要重复显示的文本。

◎ number_times 为指定文本重复次数的整数。

REPT 函数说明如下图（左）所示。

9.1.18　RIGHT 和 RIGHTB 函数——返回字符串右侧指定的字符

作用：**RIGHT** 和 **RIGHTB** 函数用于根据所指定的字符数返回文本字符串中最后一个或多个字符。

语法：**RIGHT(text,num_chars)**　　**RIGHTB (text,num_bytes)**

◎ text 是包含要提取字符的文本字符串。

◎ num_chars 指定要由 RIGHT 提取字符的数量。

◎ num_bytes 按字节指定要由 RIGHTB 提取字符的数量。

RIGHT 和 RIGHTB 函数说明如下图（右）所示。

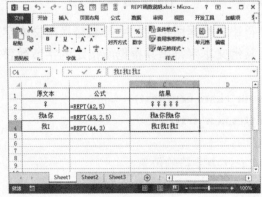

9.1.19 SEARCH 和 SEARCHB 函数——在一个文本值中查找另一个文本值

作用：**SEARCH** 和 **SEARCHB** 函数可在第二个文本字符串中查找第一个文本字符串，并返回第一个文本字符串起始位置的编号，该编号从第二个文本字符串的第一个字符算起。

语法：**SEARCH(find_text,within_text,[start_num])**

SEARCHB(find_text,within_text,[start_num])

◎ find_text 为要查找的文本。

◎ within_text 为要在其中搜索 find_text 参数的值的文本。

◎ start_num 为 within_text 参数中从值开始搜索的字符编号。

SEARCH 和 SEARCHB 函数说明如下图（左）所示。

9.1.20 SUBSTITUTE 函数——用新文本替换旧文本

作用：在文本字符串中用 **new_text** 替代 **old_text**。

语法：**SUBSTITUTE(text,old_text,new_text,instance_num)**

◎ text 为需要替换其中字符的文本，或对含有文本的单元格的引用。

◎ old_text 为需要替换的旧文本。

◎ new_text 为用于替换 old_text 的文本。

◎ instance_num 为一数值，用来指定以 new_text 替换第几次出现的 old_text。如果指定了 instance_num，则只有满足要求的 old_text 被替换；否则，将用 new_text 替换 Text 中出现的所有 old_text。

SUBSTITUTE 函数说明如下图（右）所示。

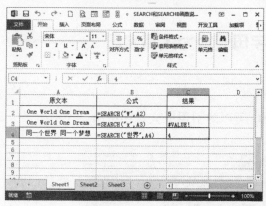 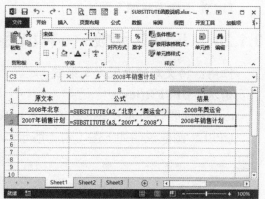

9.1.21 T 函数——返回值引用的文本

作用：返回值引用的文本。

语法：**T(value)**

value 是要进行检验的值。

T 函数说明如下图（左）所示。

9.1.22　TEXT 函数——将数值转换为文本

作用：**TEXT** 函数可将数值转换为文本，并可使用户通过使用特殊格式字符串来指定显示格式。

语法：**TEXT(value,format_text)**

◎ value 为数值、计算结果为数值的公式，或对包含数值的单元格的引用。

◎ format_text 为"单元格格式"对话框的"数字"选项卡中"分类"列表框中的文本形式的数值格式，它不能包含星号"*"。

TEXT 函数说明如下图（右）所示。

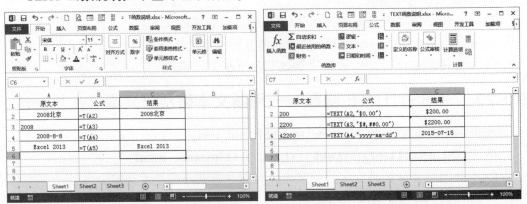

9.1.23　TRIM 函数——清除文本中的空格

作用：用于清除文本中除了单词之间的单个空格外的所有空格。

语法：**TRIM(text)**

text 为需要清除其中空格的文本。

TRIM 函数说明如下图（左）所示。

9.1.24　UPPER 函数——将小写字母转换为大写字母

作用：将文本转换成大写形式。

语法：**UPPER(text)**

text 为需要转换成大写形式的文本。Text 可以为引用或文本字符串。

UPPER 函数说明如下图（右）所示。

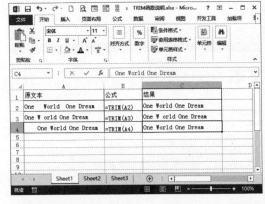
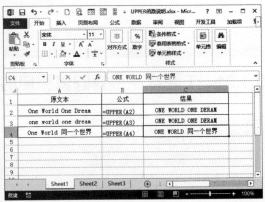

9.1.25 WIDECHAR 函数——将单字节字符转换为双字节字符

作用：可将字符串中的半角（单字节）字母转换为全角（双字节）字符。

语法：**WIDECHAR(text)**

text 为文本或对包含要更改文本的单元格的引用。如果文本中不包含任何半角英文字母或片假名，则文本不会更改。

WIDECHAR 函数说明如下图所示。

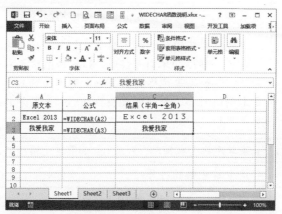

9.2 信息函数

Excel 2013 自带了一些可以处理单元格及单元格区域内信息的函数，此类函数称为信息函数。信息函数主要用于检测及返回单元格的个数、单元格内的数据类型等。使用信息函数可以分析及统计单元格的内容，结合 IF 函数还可以实现更强大的函数功能。

9.2.1 CELL 函数——返回单元格信息

作用：返回某一引用区域左上角单元格的格式、位置或内容等信息。

语法：**CELL(info_type,reference)**

◎ info_type 为一个文本值，指定所需的单元格信息的类型。

◎ reference 表示要获取其有关信息的单元格，如果忽略，则在 info_type 中所指定的信息将返回给最后更改的单元格。

info_type 的可能取值及相应的结果见下表。

info_type 的参数	返回值
"address"	引用中第一个单元格的引用，文本类型
"col"	引用中单元格的列标
"color"	如果单元格中的负值以不同颜色显示，则为 1，否则返回 0
"contents"	引用中左上角单元格的值：不是公式

续表

"coord"	引用中的第一个单元格的单元格区域的绝对引用，文本类型
"filename"	包含引用的文件名（包括全部路径），文本类型。如果包含目标引用的工作表尚未保存，则返回空文本（""）
"format"	与单元格中不同的数字格式相对应的文本值。如果单元格中负值以不同颜色显示，则在返回的文本值的结尾处加"-"；如果单元格中为正值或所有单元格均加括号，则在文本值的结尾处返回"0"
"parentheses"	如果单元格中为正值或全部单元格均加括号，则为1，否则返回0
"prefix"	与单元格中不同的"标志前缀"相对应的文本值。如果单元格文本左对齐，则返回单引号（'）；如果单元格文本右对齐，则返回双引号（"）；如果单元格文本居中，则返回插入字符（^）；如果单元格文本两端对齐，则返回反斜线（\）；如果是其他情况，则返回空文本（""）
"protect"	如果单元格没有锁定，则为0；如果单元格锁定，则为1
"row"	引用中单元格的行号
"type"	与单元格中的数据类型相对应的文本值。如果单元格为空，则返回"b"。如果单元格包含文本常量，则返回"1"；如果单元格包含其他内容，则返回"v"
"width"	取整后的单元格的列宽。列宽以默认字号的一个字符的宽度为单位

info_type 为"format"的 CELL 返回值，见下表。

Microsoft Excel 的格式	CELL 返回值	Microsoft Excel 的格式	CELL 返回值
常规	"G"	0.00E+00	"S2"
0	"F0"	#?/?或#??/??"	G"
#,##0	",0"	yy-m-d 或 yy-m-d h:mm 或 dd-mm-yy	"D4"
0.00	"F2"	d-mmm-yy 或 dd-mmm-yy	"D1"
#,##0.00	",2"	d-mmm 或 dd-mmm	"D2"
$#,##0_);($#,##0)	"C0"	mmm-yy	"D3"
$#,##0_);[Red]($#,##0)	"C0-"	dd-mm	"D5"
$#,##0.00_);($#,##0.00)	"C2"	h:mm AM/PM	"D7"
$#,##0.00_);[Red]($#,##0.00)	"C2-"	h:mm:ss AM/PM	"D6"
0%	"P0"	h:mm	"D9"
0.00%	"P2"	h:mm:ss	"D8"

CELL 函数的应用示例如下图所示。

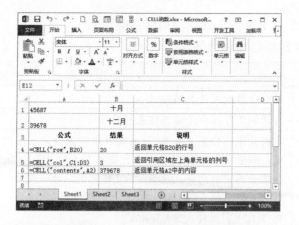

9.2.2　ERROR.TYPE 函数——判断错误类型

作用：返回对应于 **Microsoft Excel** 中某一错误值的数字，如果没有错误，则返回 **#N/A**。

语法：**ERROR.TYPE(error_val)**

error_val 为需要得到其标号的一个错误值。尽管 error_val 可以为实际的错误值，但它通常为一个单元格引用，而此单元格中包含需要检测的公式。

ERROR.TYPE 函数返回的错误类型代号与错误类型的对应关系见下表。

error_val 取值	函数 EEROR.TYPE 返回值	error_val 取值	函数 EEROR.TYPE 返回值
#NULL!	1	#NAME?	5
#DIV/0!	2	#NUM!	6
#VALUE!	3	#N/A	7
#REF!	4	其他值	#N/A

ERROR.TYPE 函数的应用示例如下图所示。

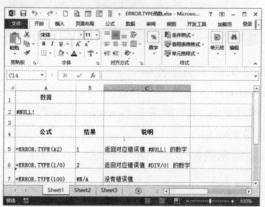

9.2.3　INFO 函数——返回当前操作环境的信息

作用：用于返回有关当前操作环境的信息。

语法：**INFO(type_text)**

type_text 为文本，用于指定要返回的信息类型。

INFO 函数的参数取值与返回值见下表。

Type_text 取值	返回值
"directory"	当前目录或文件夹的路径
"numfile"	打开的工作簿中活动工作表的数目
"origin"	以当前滚动位置为基准，返回窗口中可见的左上角单元格的绝对单元格引用，如带前缀"$A:"的文本。此值与 Lotus1-2-3 3.x 版兼容。返回的实际值取决于当前引用样式设置。以 D9 为例，返回值为： ◎ A1 引用样式"$A:$D$9" ◎ R1C1 引用样式"$A:R9C4"
"osversion"	当前操作系统的版本号，文本值
"recalc"	当前的重新计算模式，返回"自动"或"手动"
"release"	Microsoft Excel 的版本号，文本值
"system"	操作系统名称： Macintosh="mac"　　Windows="pcdos"

INFO 函数的应用示例如下图所示。

9.2.4　ISBLANK 函数——检验是否引用空单元格

作用：用于检验是否引用了空单元格。

语法：**ISBLANK(value)**

value 表示要进行检验的内容。如果参数 value 为无数据的空时，ISBLANK 函数将返回 TRUE，否则返回 FALSE。

ISBLANK 函数的应用示例如下图（左）所示。

9.2.5　ISERROR 函数——检验单元格值是否错误

作用：用于检验指定单元格中的值是否为任意错误值。

语法：**ISERROR(value)**

value 表示要进行检验的内容。如果参数 value 为错误值时，ISERROR 函数将返回 TRUE，否则返回 FALSE。

ISERROR(value)函数的应用示例如下图（右）所示。

9.2.6 ISERR 函数——检验除#N/A 以外的错误值

作用：用于检验除#N/A 错误之外的任何错误值。

语法：**ISERR(value)**

value 表示要进行检验的内容。如果参数 value 的值为#N/A 以外的错误值，ISERR 函数将返回 TRUE，否则返回 FALSE。

下面使用 ISERR 函数进行考勤，具体操作方法如下：

01 输入公式 在 D3 单元格中输入公式，如下图所示。

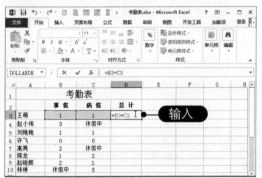

02 计算结果 按【Enter】键，计算出王萌休假总天数，如下图所示。

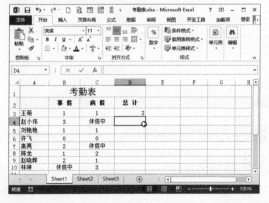

03 使用填充功能 使用自动填充功能计算其他员工休假总天数，如下图所示。

04 输入公式 在 E3 单元格中输入公式，如下图所示。

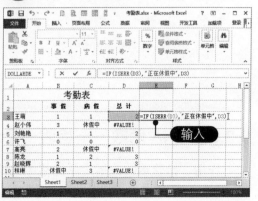

05 计算结果　按【Enter】键，返回结果，如下图所示。

06 使用填充功能　使用自动填充功能完成对考勤表的计算，如下图所示。

9.2.7　ISEVEN 函数——检验数字是否为偶数

作用：用于判断数字是否为偶数。

语法：**ISEVEN (number)**

number 表示要进行检验的数字。如果参数 number 为偶数，则返回 TRUE，否则返回 FALSE。

ISEVEN 函数的应用示例如下图（左）所示。

9.2.8　ISLOGICAL 函数——检验一个值是否为逻辑值

作用：检验一个值是否为逻辑值。

语法：**ISLOGICAL(value)**

value 表示要进行检验的数值。如果参数 value 为逻辑值，则返回 TRUE，否则返回 FALSE。

ISLOGICAL 函数的应用示例如下图（右）所示。

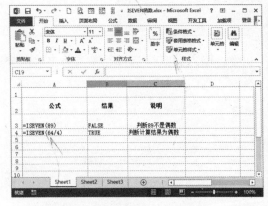

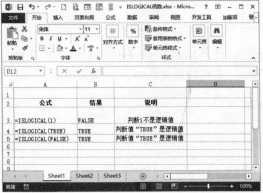

9.2.9　ISNA 函数——检验一个值是否为错误值#N/A

作用：检验参数或指定单元格中的值是否为错误值#N/A。

语法：**ISNA (value)**

value 表示要进行检验的数值。如果参数 value 为错误值#N/A，则返回 TRUE，否则返回 FALSE。

ISNA 函数应用示例如下图（左）所示。

9.2.10　ISNONTEXT 函数——检验一个值是否为非字符串

作用：用于判断引用的参数或指定单元格中的内容是否为非字符串。

语法：**ISNONTEXT (value)**

value 表示要进行检验的数值。如果参数 value 为非字符串，则返回 TRUE，否则返回 FALSE。

ISNONTEXT 函数的应用示例如下图（右）所示。

9.2.11　ISNUMBER 函数——检验一个值是否为数字

作用：用于判断引用的参数或指定单元格中的值是否为数字。

语法：**ISNUMBER(value)**

value 表示要进行检验的数值。如果参数 value 为数字，则返回 TRUE，否则返回 FALSE。

ISNUMBER 函数的应用示例如下图（左）所示。

9.2.12　ISODD 函数——检验一个值是否为奇数

作用：用于判断引用的参数或指定单元格中的值是否为奇数。

语法：**ISODD(number)**

number 表示要进行检验的数值。如果参数 number 为奇数，则返回 TRUE，否则返回 FALSE。

ISODD 函数的应用示例如下图（右）所示。

9.2.13　ISREF 函数——检验一个值是否为引用

作用：用于判断指定单元格中的值是否为引用。

语法：**ISREF(value)**

value 表示要进行检验的数值。如果测试的内容为引用，则返回 TRUE，否则返回 FALSE。

ISREF 函数的应用示例如下图（左）所示。

9.2.14　ISTEXT 函数——检验一个值是否为文本

作用：用于判断引用的参数或指定单元格中的值是否为文本。

语法：**ISTEXT(value)**

value 表示要进行检验的数值。如果参数 value 为文本，则返回 TRUE，否则返回 FALSE。

ISTEXT 函数的应用示例如下图（右）所示。

9.2.15　N 函数——返回转换为数值后的值

作用：将不是数值形式的值转换为数值形式。

语法：**N(value)**

value 表示要进行检验的数值。

N 函数可以转换的值见下表。

数值或引用	N 返回值	数值或引用	N 返回值
数字	该数字	FALSE	0
日期（Microsoft Excel 的一种内部日期格式）	该日期的序列号	错误值，如#DIV/0!	错误值
TRUE	1	其他值	0

N 函数的应用示例如下图所示。

9.2.16 NA 函数——返回错误值#N/A

作用：返回错误值#N/A。错误值#N/A 表示"无法得到有效值"。

语法：**NA()**

NA 函数没有参数。

NA 函数的应用示例如下图所示。

9.2.17 TYPE 函数——返回数值的类型

作用：返回数值的类型。

语法：**TYPE(value)**

value 可以为任意 Microsoft Excel 数值，如数字、文本以及逻辑值等。

value 的取值以及 TYPE 函数的返回值见下表。

value 为	函数 TYPE 返回值
数字	1
文本	2
逻辑值	4
误差值	16
数组	64

TYPE 函数的应用示例如下图所示。

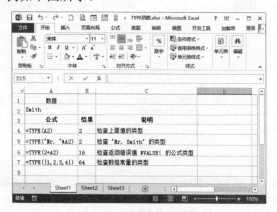

9.3 逻辑函数

逻辑函数是用于判断数值真假或检测数值是否符合规定条件的函数。使用逻辑函数可以使工作中的各类报表数据能够根据自身要求及标准进行判断或检测。

9.3.1 AND 函数——进行交集运算

作用：对所有的参数求交集运算。所有参数的逻辑值为真时，返回 **TRUE**；只要一个参数的逻辑值为假，即返回 **FALSE**。

语法：**AND(logical,logical,...)**

logical,logical,...是 1~255 个待检测的条件，它们可以为 TRUE 或 FALSE。

说明：参数必须是逻辑值 TRUE 或 FALSE，或者包含逻辑值的数组或引用。如果数组或引用参数中包含文本或空白单元格，则这些值将被忽略。如果指定的单元格区域内包括非逻辑值，则 AND 将返回错误值#VALUE!。

AND 函数的应用示例如下图（左）所示。

9.3.2 FALSE 函数——返回 FALSE 逻辑值

作用：返回逻辑值 **FALSE**。

语法：**FALSE()**

说明：也可以直接在工作表或公式中输入文字 FALSE，Excel 2013 会自动将它解释成逻辑值 FALSE。

FALSE 函数的应用示例如下图（右）所示。

9.3.3 IF 函数——返回条件值

作用：根据对指定条件的结果的计算（为 TURE 或 FLASE）来返回不同的结果。

语法：**IF(logical_test,value_if_true,value_if_false)**

◎ logical_test：表示计算结果为 TRUE 或 FALSE 的任意值或表达式。例如，A1=10 是一个逻辑表达式；如果单元格 A1 中的值等于 10，表达式的计算结果为 TRUE，否则为 FALSE。此参数可使用任何比较运算符。

◎ value_if_true：是 logical_test 为 TRUE 时返回的值。例如，如果此参数是文本字符串"及格"，而且 logical_test 参数的计算结果为 TRUE，则 IF 函数显示文本"及格"；如果 logical_test 为 TRUE 且 value_if_true 为空，则此参数返回 0。若要显示单词 TRUE，则需要为此参数使用逻辑值 TRUE。Value_if_true 可以是其他公式。

◎ value_if_false：是 logical_test 为 FALSE 时返回的值。例如，如果此参数是文本字符串"不及格"，而且 logical_test 参数的计算结果为 FALSE，则 IF 函数显示文本"不及格"。如果 logical_test 为 FALSE 而 value_if_false 被省略（value_if_true 后没有逗号），则会返回逻辑值 FALSE；如果 logical_test 为 FALSE 且 value_if_false 为空（value_if_true 后有逗号并紧跟着右括号），则会返回值 0。Value_if_false 可以是其他公式。

IF 函数的应用示例如下图（左）所示。

9.3.4 IFERROR 函数——捕获和处理计算出的错误

作用：如果公式计算出错，则返回用户指定的值，否则返回公式结果。

语法：**IFERROR(value,value_if_error)**

◎ value 是需要检查是否存在错误的参数。

◎ value_if_error 是公式计算出错误时要返回的值。计算得到的错误类型有：#N/A、#VALUE!、#REF!、#DIV/0!、#NUM!、#NAME?或#NULL!。

说明：如果 value 或 value_if_error 是空单元格，则 IFERROR 将其视为空字符串值("")；如果 value 是数组公式，则 IFERROR 为 value 中指定区域的每个单元格返回一个结果数组。

IFERROR 函数的应用示例如下图（右）所示。

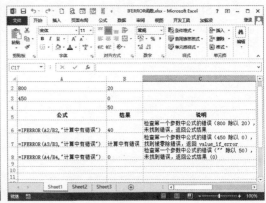

9.3.5 NOT 函数——进行逻辑值求反运算

作用：对参数值求反。如果逻辑值为 FALSE，NOT 函数返回 TRUE；如果逻辑值为 TRUE，NOT 函数返回 FALSE。当要确保一个值不等于某一特定值时，可以使用 NOT 函数。

语法：**NOT(logical)**

logical 为一个可以计算出 TRUE 或 FALSE 的逻辑值或逻辑表达式。

NOT 函数的应用示例如下图（左）所示。

9.3.6 OR 函数——进行并集运算

作用：在其参数组中，任何一个参数逻辑值为 TRUE，即返回 TRUE；所有参数的逻辑值为 FALSE，即返回 FALSE。

语法：**OR(logical1,logical2,...)**

logical1,logical2,... 是 1~255 个需要进行测试的条件，测试结果可以为 TRUE 或 FALSE。

说明：参数必须能计算为逻辑值，如 TRUE 或 FALSE，或为包含逻辑值的或引用。如果数组或引用参数中包含文本或空白单元格，则这些值将被忽略；如果指定的区域中不包含逻辑值，OR 函数将回错误值#VALUE!。

OR 函数的应用示例如下图（右）所示。

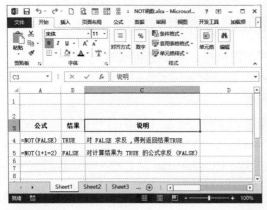

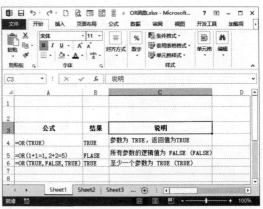

9.3.7 TRUE 函数——返回 TRUE 逻辑值

作用：返回逻辑值 **TRUE**。

语法：**TRUE()**

说明：可以直接在单元格或公式中输入值 TRUE，但可以不使用此函数。TRUE 函数主要用于与其他电子表格程序兼容。

TRUE 函数的应用示例如下图所示。

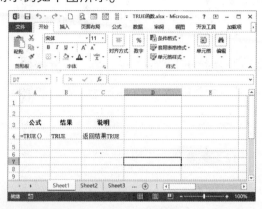

9.4 数据库函数

数据库函数主要用于分析列表或数据库中的数据。利用数据库函数可以方便地统计数据库中的数据，以满足用户的需求。数据库函数也可以与其他函数配合使用，以实现更强大的函数功能。

9.4.1 DAVERAGE 函数——计算列的平均值

作用：返回列表或数据库中满足指定条件的记录字段（列）中的数值的平均值。

语法：**DAVERAGE(database,field,criteria)**

◎ database 为构成列表或数据库的单元格区域。

◎ field 为指定函数所使用的列。

◎ criteria 是包含所指定条件的单元格区域。

下面使用 DAVERAGE 函数计算男性销售员的平均销售额，具体操作方法如下：

01 **输入公式** 输入条件区域数据，选择 E12 单元格，输入公式，如下图所示。

02 **计算结果** 按【Enter】键，得出男性销售员的平均销售额，如下图所示。

9.4.2 DCOUNT 函数——统计含有数值的单元格

作用：返回列表或数据库中满足指定条件的记录字段（列）中包含数字的单元格的个数。

语法：**DCOUNT(database,field,criteria)**

DCOUNT 函数中参数 field 为可选项，如果省略，DCOUNT 函数返回数据库中满足条件 criteria 的所有记录数。

下面使用 DCOUNT 函数统计销售总额大于 20000 的男性销售员的人数，具体操作方法如下：

01 **输入公式** 输入条件区域数据，选择 E12 单元格，输入公式，如下图所示。

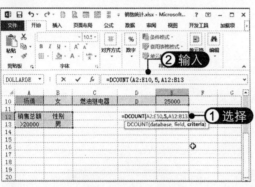

02 **计算结果** 按【Enter】键，得出结果，如下图所示。

9.4.3 DCOUNTA 函数——统计非空单元格

作用：返回列表或数据库中满足指定条件的记录字段（列）中的非空单元格的个数。

语法：**DCOUNTA(database,field,criteria)**

下面使用 DCOUNTA 函数返回男性销售员销售总额在 20000 和 50000 之间的人数，具体操作方法如下：

01 **输入公式** 输入条件区域数据，选择 E12 单元格，输入公式，如下图所示。

02 **计算结果** 按【Enter】键，得出结果，如下图所示。

9.4.4　DGET 函数——返回符合条件的值

作用：从列表或数据库的列中提取符合指定条件的单个值。

语法：**DGET(database,field,criteria)**

下面使用 DGET 函数返回销售总额大于 20000 的男性销售员的姓名，具体操作方法如下：

01 输入公式　输入条件区域数据，选择 E12 单元格，输入公式，如下图所示。

02 计算结果　按【Enter】键，返回值为 "#NUM!"，如下图所示。

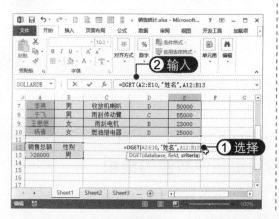

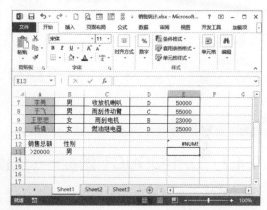

9.4.5　DMAX 函数——返回符合条件的最大值

作用：返回列表或数据库中满足指定条件的记录字段（列）中的最大数字。

语法：**DMAX(database,field,criteria)**

下面使用 DMAX 函数计算女性销售员的最大销售额，具体操作方法如下：

01 输入公式　输入条件区域数据，选择 E12 单元格，输入公式，如下图所示。

02 计算结果　按【Enter】键，得到女性销售员的最大销售额，如下图所示。

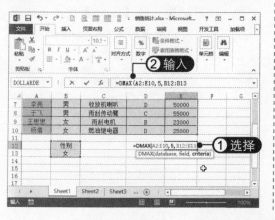

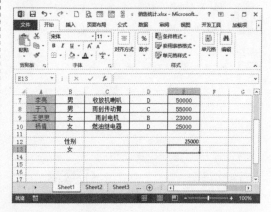

9.4.6　DMIN 函数——返回符合条件的最小值

作用：返回列表或数据库中满足指定条件的记录字段（列）中的最小数字。

语法：**DMIN(database,field,criteria)**

DMIN 函数与 DMAX 函数相对的一组函数，学会了使用 DMAX 函数，也就会使用 DMIN 函数了。同样，DMIN 函数的三个参数都是必须参数。下面使用 DMIN 函数计算男性销售员的最小销售额，具体操作方法如下：

01 **输入公式** 输入条件区域数据，选择 E12 单元格，输入公式，如下图所示。

02 **计算结果** 按【Enter】键，得到男性销售员的最小销售额，如下图所示。

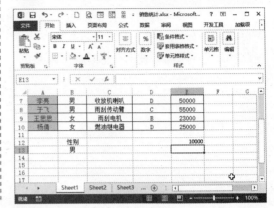

9.4.7 DPRODUCT 函数——返回满足条件数值的乘积

作用：返回列表或数据库中满足指定条件的记录字段（列）中的数值的乘积。

语法：**DPRODUCT(database,field,criteria)**

DPRODUCT 函数的参数含义如下：

database：必需。构成列表或数据库的单元格区域。

field：必需。指定函数所使用的列。

criteria：必需。包含所指定条件的单元格区域。可以为参数 criteria 指定任意区域，只要此区域包含至少一个列标签，并且列标签下方包含至少一个指定列条件的单元格。

下面使用 DPRODUCT 函数返回满足采购条件数值的乘积，具体操作方法如下：

01 **输入公式** 输入条件区域数据，选择 D9 单元格，输入公式，如下图所示。

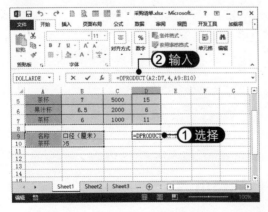

02 **计算结果** 按【Enter】键，返回满足条件的数值的乘积，如下图所示。

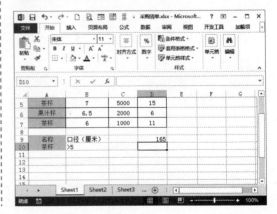

9.4.8 DSTDEV 函数——计算样本的标准偏差

作用：返回利用列表或数据库中满足指定条件的记录字段（列）中的数字作为一个样本估算出的样本的标准偏差。

语法：**DSTDEV(database,field,criteria)**

标准偏差为统计学名词。它是一种量度数据分布的分散程度之标准，用于衡量数据值偏离算术平均值的程度。标准偏差越小，这些值偏离平均值就越少，反之亦然。标准偏差的大小可以通过标准偏差与平均值的倍率关系来衡量。STDEV 基于样本估算标准偏差。标准偏差反映数值相对于平均值（mean）的离散程度。

下面使用 DSTDEV 函数计算样本的标准偏差，具体操作方法如下：

01 **输入公式** 输入条件区域数据，选择 D9 单元格，输入公式，如下图所示。

02 **计算结果** 按【Enter】键，返回计算样本的标准偏差，如下图所示。

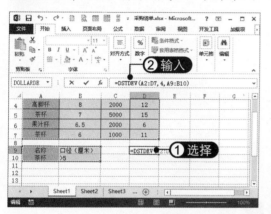

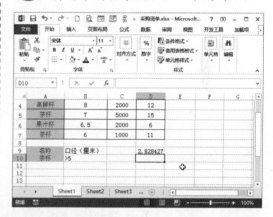

9.4.9 DSTDEVP 函数——计算总体的标准偏差

作用：返回利用列表或数据库中满足指定条件的记录字段（列）中的数字作为样本总体计算出的总体标准偏差。

语法：**DSTDEVP(database,field,criteria)**

下面使用 DSTDEVP 函数计算总体的标准偏差，具体操作方法如下：

01 **输入公式** 输入条件区域数据，选择 D9 单元格，输入公式，如下图所示。

02 **计算结果** 按【Enter】键，计算总体标准偏差，如下图所示。

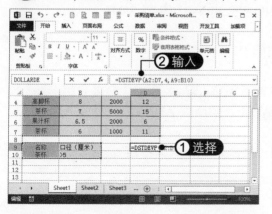

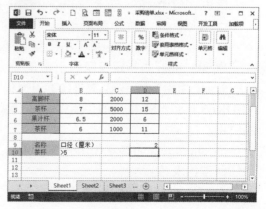

9.4.10 DSUM 函数——计算满足条件的数字和

作用：返回列表或数据库中满足指定条件的记录字段（列）中的数字之和。

语法：**DSUM(database,field,criteria)**

DSUM 函数将数据库中符合条件的记录的字段列中的数字的和。使用它可以对数据进行多条件累加，这种方式可以使条件的修改变得方便。因此，相对于 SUM 和 SUMIF 函数，DSUM 函数更加灵活。

下面使用 DSUM 函数计算销售给客户 D 的总金额，具体操作方法如下：

01 **输入公式** 输入条件区域数据，选择 E12 单元格，输入公式，如下图所示。

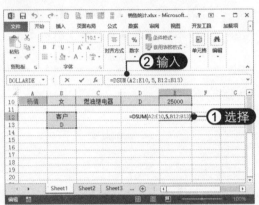

02 **计算结果** 按【Enter】键，得到销售给客户 D 的总金额，如下图所示。

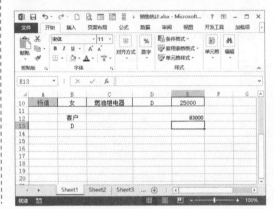

9.5 查找与引用函数的应用

查找与引用函数是函数中应用比较广泛的函数之一。在查找与引用函数中，其查找功能主要用于按指定的要求对数据进行查找操作，并返回需要查找的值；引用功能主要用于指明单元格区域中数值的位置，或连接不同工作表或本地硬盘、网络中的文件。

9.5.1 ADDRESS 函数——建立文本类型的单元格地址

作用：按照给定的行号和列标建立文本类型的单元格地址。

语法：**ADDRESS(row_num,column_num,abs_num,a1,sheet_text)**

◎ row_num 为在单元格引用中使用的行号。

◎ column_num 为在单元格引用中使用的列标。

◎ abs_num 为指定返回的引用类型。

◎ a1 为用于指定 a1 或 R1C1 引用样式的逻辑值。若 a1 为 TRUE 或省略，则函数 ADDRESS 返回 a1 样式的引用；若 a1 为 FALSE，则函数 ADDRESS 返回 R1C1 样式的引用。

◎ sheet_text 为指定作为外部引用的工作表的名称，如果省略 sheet_text，则不使用任何工作表名。

◎ abs_num 参数的取值和返回的引用类型如下图（左）所示。

ADDRESS 函数的应用示例如下图（右）所示。

abs_num	返回的引用类型
1 或省略	绝对引用
2	绝对行号，相对列标
3	相对行号，绝对列标
4	相对引用

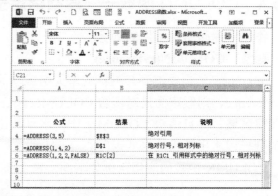

9.5.2 AREAS 函数——返回引用中包含的区域个数

作用：返回引用中包含的区域个数。区域表示连续的单元格区域或某个单元格。

语法：**AREAS(reference)**

reference 为对某个单元格或单元格区域的引用，也可以引用多个区域。

AREAS 函数的应用示例如下图（左）所示。

9.5.3 CHOOSE 函数——返回数值

作用：使用 **index_num** 返回数值参数列表中的数值。使用 **CHOOSE** 函数可以根据索引号从最多 **254** 个数值中选择一个。例如，如果 value1~value7 表示一周的 **7** 天，当将 **1~7** 之间的数字用作 **index_num** 时，则 **CHOOSE** 函数返回其中的某一天。

语法：**CHOOSE(index_num,value1,value2,...)**

◎ index_num 指定所选定的值参数。index_num 必须为 1~254 之间的数字，或是包含数字 1~254 的公式或单元格引用。如果 index_num 为 1,CHOOSE 函数返回 value1；如果为 2，CHOOSE 函数返回 value2，依此类推；如果 index_num 小于 1 或大于列表中最后一个值的序号，CHOOSE 函数返回错误值#VALUE!；如果 index_num 为小数，则在使用前将被截尾取整。

◎ value1,value2,...为 1~254 个数值参数，CHOOSE 函数基于 index_num 从中选择一个数值或一项要执行的操作。参数可以为数字、单元格引用、定义名称、公式、函数或文本。

CHOOSE 函数的应用示例如下图（右）所示。

9.5.4 COLUMN 函数——返回给定引用的列标

作用：返回给定引用的列标。

语法：**COLUMN(reference)**

reference 为需要得到其列标的单元格或单元格区域，不能引用多个区域。如果省略 reference，则假定为是对函数 COLUMN 所在单元格的引用；如果 reference 为一个单元格区域，并且函数 COLUMN 作为水平数组输入，则函数 COLUMN 将 reference 中的列标以水平数组的形式返回。

COLUMN 函数的应用示例如下图（左）所示。

9.5.5 COLUMNS 函数——返回数组或引用的列数

作用：返回数组或引用的列数。

语法：**COLUMNS(array)**

array 为需要得到其列数的数组或数组公式，或者对单元格区域的引用。

COLUMNS 函数的应用示例如下图（右）所示。

9.5.6 HLOOKUP 函数——返回首行数值

作用：在表格或数值数组的首行查找指定的数值，并在表格或数组中指定行的同一列中返回一个数值。

语法：**HLOOKUP(lookup_value,table_array,row_index_num,range_lookup)**

◎ lookup_value 为需要在数据表第一行中进行查找的数值，可以为数值、引用或文本字符串。

◎ table_array 为需要在其中查找数据的数据表。使用对区域或区域名称的引用。

◎ row_index_num 为 table_array 中待返回的匹配值的行序号。row_index_num 为 1 时，返回 table_array 第一行的数值；row_index_num 为 2 时，返回 table_array 第二行的数值，依此类推。如果 row_index_num 小于 1，返回错误值#VALUE!；如果 row_index_num 大于 table_array 的行数，返回错误值#REF!。

◎ range_lookup 为一个逻辑值，指明 HLOOKUP 函数查找时是精确匹配，还是近似匹配。如果为 TRUE 或省略，则返回近似匹配值。也就是说，如果找不到精确匹配值，则返回小于 lookup_value 的最大数值。如果 lookup_value 为 FALSE，HLOOKUP 函数将查找精确匹配值，如果找不到，则返回错误值#N/A。

HLOOKUP 函数的应用示例如下图所示。

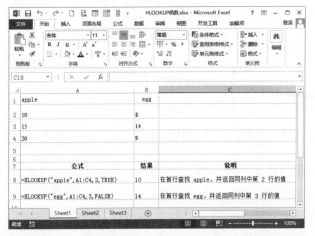

9.5.7　INDEX 函数——使用索引从引用或数组中选择值

INDEX 函数有两种形式：数组形式和引用形式。不同形式的函数其语法结构各不相同，下面将分别对其进行介绍。

1. 数组型 INDEX 函数

作用：返回列表或数组中的指定值。

语法：**INDEX(array,row_num,column_num)**

◎ array 为单元格区域或数组常量。

◎ row_num 为数组中某行的行号，函数从该行返回数值。如果省略 row_num，则必须有 column_num。

◎ column_num 为数组中某列的列标，函数从该列返回数值。如果省略 column_num，则必须有 row_num。

数组型 INDEX 函数的应用示例如下图（左）所示。

2. 引用型 INDEX 函数

作用：返回指定的行与列交叉处的单元格引用。

语法：**INDEX(reference,row_num,column_num,area_num)**

◎ reference 为对一个或多个单元格区域的引用。

◎ row_num 为引用中某行的行号，函数从该行返回一个引用。

◎ column_num 为引用中某列的列标，函数从该列返回一个引用。

◎ area_num 为选择引用中的一个区域，返回该区域中 row_num 和 column_num 的交叉区域。选择或输入的第一个区域序号为 1，第二个区域序号为 2，依此类推。如果省略 area_num，则 INDEX 函数使用区域 1。

引用型 INDEX 函数的应用示例如下图（右）所示。

9.5.8 INDIRECT 函数——返回由文本字符串指定的引用

作用：用于返回由文本字符串指定的引用，并立即对引用进行计算，显示其内容。

语法：**INDIRECT(ref_text,a1)**

◎ ref_text 为对单元格的引用，此单元格可以包含 A1-样式的引用、R1C1-样式的引用、定义为引用的名称或对文本字符串单元格的引用。如果 ref_text 不是合法的单元格的引用，INDIRECT 函数返回错误值#REF!。

◎ a1 为一逻辑值，指明包含在单元格 ref_text 中的引用的类型。

INDIRECT 函数的应用示例如下图所示。

9.5.9 LOOKUP 函数——返回值

LOOKUP 函数用于查找数据，它有两种语法形式：向量形式和数组形式。不同的形式其语法结构也不相同，在使用方法上也有差异。

1. 向量形式的 LOOKUP 函数

作用：**LOOKUP** 函数的向量形式即在单行区域或单列区域（向量）中查找数值，然后返回第二个单行区域或单列区域中相同位置的数值，当要查找的值列表较大或值可能会随时间发生改变时，可以使用该向量形式。

语法：**LOOKUP(lookup_value,lookup_vector,result_vector)**

◎ lookup_value 表示在第一个向量中查找的数值,可以是数字、文本、逻辑值、名称或对值的引用。

◎ lookup_vector 表示第一个包含单行或单列的区域,可以是文本、数字或逻辑值。

◎ result_vector 表示第二个包含单行或单列的区域,它指定的区域大小与 lookup_vector 必须相同。

向量形式的 LOOKUP 函数的应用示例如下图(左)所示。

2. 数组形式的 LOOKUP 函数

作用:**LOOKUP** 函数的数组形式即在数组的第一行或第一列中查找指定的值,并返回数组最后一行或最后一列内同一位置的值。

语法:**LOOKUP(lookup_value,array)**

◎ lookup_value 表示在数组中搜索的值,它可以是数字、文本、逻辑值、名称或对值的引用。

◎ array 表示要与 lookup_value 进行比较的数组。

数组形式的 LOOKUP 函数的应用示例如下图(右)所示。

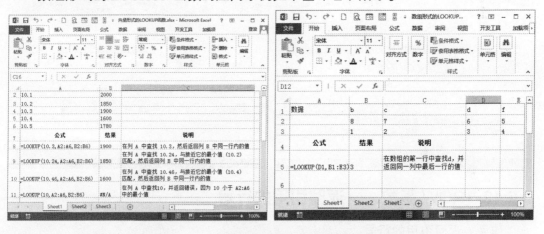

9.5.10 MATCH 函数——返回数组中元素的相应位置

作用:用于返回在指定方式下与指定数值匹配的数组中元素的相应位置。

语法:**MATCH(lookup_value,lookup_array,match_type)**

◎ lookup_value 为需要在数据表中查找的数值。

◎ lookup_array 可能包含所要查找的数值的连续单元格区域,应为数组或数组引用。

◎ match_type 为数字-1、0 或 1,指明 Excel 如何在 lookup_array 中查找 lookup_value。

MATCH 函数的应用示例如下图(左)所示。

9.5.11 OFFSET 函数——返回新的引用

作用:以指定的引用为参照系,通过给定偏移量得到新的引用。返回的引用可以为一个单元格或单元格区域。并可以指定返回的行数或列数。

语法：**OFFSET(reference,rows,cols,height,width)**

◎ reference 为作为偏移量参照系的引用区域。reference 必须为对单元格或相连单元格区域的引用，否则 OFFSET 函数返回错误值#VALUE!。

◎ rows 为相对于偏移量参照系的左上角单元格，上（下）偏移的行数。如果使用 5 作为参数 rows，则说明目标引用区域的左上角单元格比 reference 低 5 行。行数可为正数（代表在起始引用的下方）或负数（代表在起始引用的上方）。

◎ cols 为相对于偏移量参照系的左上角单元格，左（右）偏移的列数。如果使用 5 作为参数 cols，则说明目标引用区域左上角单元格比 reference 靠右 5 列。列数可为正数（代表在起始引用的右边）或负数（代表在起始引用的左边）。

◎ height 为高度，即所要返回的引用区域的行数，必须为正数。

◎ width 为宽度，即所要返回的引用区域的列数，必须为正数。

OFFSET 函数的应用示例如下图（右）所示。

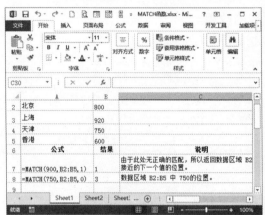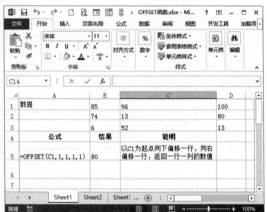

9.5.12 ROW 函数——返回引用的行号

作用：返回引用的行号。

语法：**ROW(reference)**

reference 为需要得到其行号的单元格或单元格区域。

ROW 函数的应用示例如下图（左）所示。

9.5.13 ROWS 函数——返回引用或数组行数

作用：返回引用或数组行数。

语法：**ROWS(array)**

array 为需要得到其行数的数组、数组公式或对单元格区域的引用。

ROWS 函数的应用示例如下图（右）所示。

9.5.14 RTD 函数——返回检索实时数据

作用：用于从支持 **COM** 自动化的程序中检索实时数据。

语法：**RTD(ProgID,server,topic1,[topic2]…)**

◎ ProgID 为 ProgID 名称，该名称用引号引起来。

◎ server 为服务器名称。

◎ topic1,[topic2]…为 1~253 个参数，这些参数放在一起代表一个唯一的实时数据。

9.5.15 TRANSPOSE 函数——返回转置单元格区域

作用：返回转置单元格区域，即将一行单元格区域转置成一列单元格区域，反之亦然。

语法：**TRANSPOSE(array)**

array 为需要进行转置的数组或工作表中的单元格区域。

TRANSPOSE 函数的应用示例如下图（左）所示。

9.5.16 VLOOKUP 函数——返回表格数据当前行中其他列的值

作用：在表格数组的首列查找指定的值，并由此返回表格数组当前行中其他列的值。

语法：**VLOOKUP(lookup_value,table_array,col_index_num,range_lookup)**

◎ lookup_value 为需要在表格数组第一列中查找的数值。

◎ table_array 为两列或多列数据，使用对区域或区域名称的引用。

◎ col_index_num 为 table_array 中待返回的匹配值的列序号。

◎ range_lookup 为逻辑值，指定希望 VLOOKUP 查找精确的匹配值还是近似匹配值。

VLOOKUP 函数的应用示例如下图（右）所示。

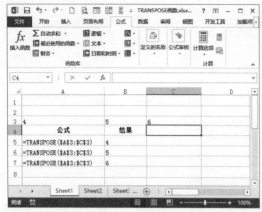

9.6 工程函数

在 Excel 2013 中，对工程数据进行分析与运算的函数就是工程函数。使用工程函数可以解决工程方面的计算问题，合理地简化工程计算程序。

9.6.1 BESSELI 函数——计算修正的贝塞尔函数

作用：返回修正 Bessel 函数值，它与用纯虚数参数运算时的 Bessel 函数值相等。

语法：**BESSELI(x,n)**

◎ x 为参数值。

◎ n 为函数的阶数。如果 n 不是整数，则截尾取整。

BESSELI 函数说明如下图（左）所示。

9.6.2 BESSELJ 函数——计算贝塞尔函数

作用：返回 Bessel 函数值。

语法：**BESSELJ(x,n)**

◎ x 参数值。

◎ n 为函数的阶数。如果 n 不是整数，则截尾取整。

如果 x 或 n 为非数值型，则返回错误值#VALUE!；如果 n<0，则返回错误值#NUM!。

BESSELJ 函数说明如下图（右）所示。

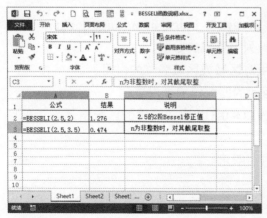
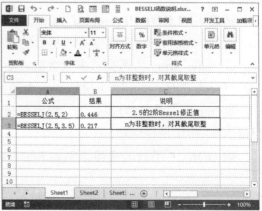

9.6.3 BESSELK 函数——计算修正的贝塞尔函数

作用：返回修正 Bessel 函数值，它与用纯虚数参数运算时的 Bessel 函数值相等。

语法：**BESSELK(x,n)**

◎ x 为参数值。

◎ n 为函数的阶数。如果 n 不是整数，则截尾取整。

BESSELK 函数说明如下图（左）所示。

9.6.4 BESSELY 函数——计算贝塞尔函数

作用：返回 Bessel 函数值，也称为 Weber 函数或 Neumann 函数。

语法：**BESSELY(x,n)**

◎ x 为参数值。

◎ n 为函数的阶数。如果 n 不是整数，则截尾取整。

BESSELY 函数说明如下图（右）所示。

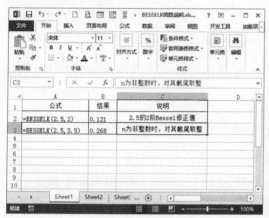
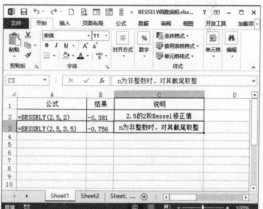

9.6.5 BIN2OCT 函数——将二进制数转换为八进制数

作用：将二进制数转换为八进制数。

语法：**BIN2OCT(number,places)**

◎ number 为待转换的二进制数。

◎ places 为所使用的字符数。

BIN2OCT 函数说明如下图（左）所示。

9.6.6 BIN2DEC 函数——将二进制数转换为十进制数

作用：将二进制数转换为十进制数。

语法：**BIN2DEC(number)**

number 为待转换的二进制数。Number 的位数不能多于 10 位（二进制位），最高位为符号位，后 9 位为数字位。负数可用二进制数的补码表示。

BIN2DEC 函数说明如下图（右）所示。

9.6.7 BIN2HEX 函数——将二进制数转换为十六进制数

作用：将二进制数转换为十六进制数。

语法：**BIN2HEX(number,places)**

◎ number 为待转换的二进制数。

◎ places 为所用的字符数。

BIN2HEX 函数说明如下图（左）所示。

注意，如果 places 为非数值型，BIN2HEX 函数返回错误值#VALUE!；如果 places 为负值，BIN2HEX 函数返回错误值#NUM!。

9.6.8 八进制转换函数

八进制转换函数中包含将八进制数转换为二进制的 OCT2BIN 函数、将八进制数转换为十进制的 OCT2DEC 函数和八进制数转换为十六进制的 OCT2HEX 函数。

八进制转换函数中的语法结构和二进制转换函数的语法结构大致相同，在此不再赘述。

八进制转换函数说明如下图（右）所示。

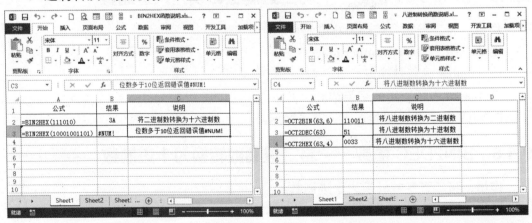

9.6.9 十进制转换函数

十进制转换函数中包含将十进制数转换为二进制的 DEC2BIN 函数、将十进制数转换为八进制的 DEC2OCT 函数和十进制数转换为十六进制的 DEC2HEX 函数。

十进制转换函数中的语法结构和二进制转换函数的语法结构大致相同，在此不再赘述。

十进制转换函数说明如下图（左）所示。

9.6.10 十六进制转换函数

十六进制转换函数中包含将十六进制数转换为二进制的 HEX2BIN 函数、将十六进制数转换为八进制的HEX2OCT 函数和十六进制数转换为十进制的HEX2DEC 函数。

十六进制转换函数中的语法结构和二进制转换函数的语法结构大致相同，在此不再赘述。

十六进制转换函数说明如下图（右）所示。

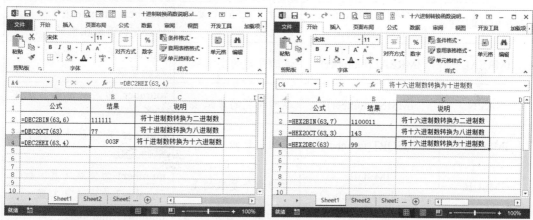

9.6.11 复数函数

在工程函数中，前缀为 im 的函数即为与复数有关的函数。

各复数函数的语法和作用见下表。

	语　法	作　用	备　注
IMABS	IMABS(inumber)	返回复数的绝对值	inumber 为需要计算其绝对值的复数
IMAGINARY	IMAGINARY (inumber)	返回复数的虚系数	inumber 为需要计算其虚系数的复数
IMARGUMENT	IMARGUMENT (inumber)	返回以弧度表示的角θ	inumber 用来计算角度值 θ 的复数
IMCONJUGATE	IMCONJUGATE (inumber)	返回复数的共轭复数	inumber 为需要计算其共轭数的复数
IMCOS	IMCOS(inumber)	返回复数的余弦	inumber 为需要计算其余弦值的复数
IMDIV	IMDIV (inumber1,inumber2)	返回两个复数的商	inumber1 为复数分子，inumber2 为复数分母

IMEXP	IMEXP(inumber)	返回复数的指数	inumber 为需要计算其指数的复数
IMLN	IMLN(inumber)	返回复数的自然对数	inumber 为需要计算其自然对数的复数
IMLOG10	IMLOG10(inumber)	返回复数以 10 为底数的对数	inumber 为需要计算其常用对数的复数
IMLOG2	IMLOG2(inumber)	返回复数以 2 为底数的对数	inumber 为需要计算以 2 为底数的对数值的复数
IMPOWER	IMPOWER (inumber,number)	返回复数的 n 次幂	inumber 为需要计算其幂值的复数，number 为需要计算的幂次
IMPRODUCT	IMPRODUCT (inumber1,inumber2,...)	返回 1~255 个复数的乘积	inumber1,inumber2, … 为 1~255 个用来相乘的复数
IMREAL	IMREAL(inumber)	返回复数的实系数	inumber 为需要计算其实系数的复数
IMSIN	IMSIN(inumber)	返回复数的正弦值	inumber 为需要计算其正弦的复数
IMSQRT	IMSQRT(inumber)	返回复数的平方根	inumber 为需要计算其平方根的复数
IMSUB	IMSUB (inumber1,inumber2)	返回两个复数的差	inumber1 为被减（复）数，inumber2 为减（复）数
IMSUM	IMSUM (inumber1,inumber2,...)	返回两个或多个复数的和	inumber1,inumber2,...为 1~255 个需要相加的复数
COMPLEX	COMPLEX (real_num,i_num,suffix)	将实系数及虚系数转换为复数	real_num 为复数的实部；i_num 为复数的虚部；suffix 为复数中虚部的后缀

Chapter 10

图表的创建与编辑

Excel 图表主要用于表现各种数据的走向、趋势、比例分配关系以及数据间的差异，通过使用图表可以直观地显示工作表中的数据，从而形象地反映数据的差异、发展趋势及预测走向等。本章将详细介绍 Excel 图表的类型，以及如何创建与编辑图表等知识。

本章要点

- 认识图表
- 创建图表
- 编辑图表数据
- 改变图表布局
- 趋势线和误差线的应用
- 图表的美化

知识等级

Excel 中级读者

建议学时

建议学习时间为 120 分钟

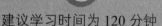

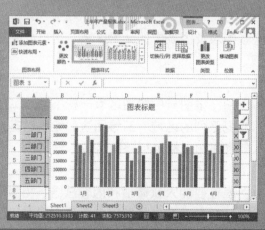

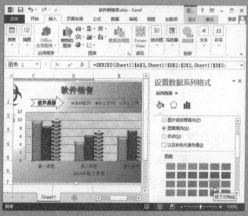

10.1 认识图表

在 Excel 2013 中，为了更直观地表现工作簿中的数据内容，可以在表格中创建 Excel 图表。通过图表可以更清楚地了解各个数据的大小及数据变化情况，并可以方便地对数据进行对比和分析。

10.1.1 图表结构

图表是 Excel 2013 中重要的数据分析工具，运用 Excel 2013 的图表功能能够以图表的方式显示数据，从而使数据更清晰，更容易理解。图表还具有帮助分析数据、查看数据的差异、走势预测和发展趋势等功能。

图表主要由图表区、绘图区、图例、数值轴、分类轴、数据系列、图表标题和网格线等几部分组成，如下图所示。

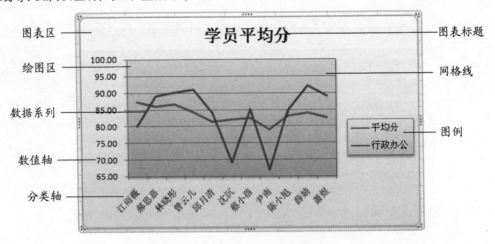

（1）**图表区**

在 Excel 2013 中，图表区包含绘制的整张图表及图表中的元素区域。用户如果要复制或移动图表，就必须先选定图表区。

（2）**绘图区**

图表中的整个区域就是绘图区。二维图表和三维图表的绘图区有一些不同。二维图表的绘图区是以坐标轴为界，并包括全部数据系列的区域；三维图表的绘图区是以坐标轴为界，并包含数据系列、分类名称、刻度线和坐标轴标题的区域。

（3）**图表标题**

图表标题在图表中起到说明的作用，是图表性质的大致概括和内容总结，相当于一篇文章的标题，用它来定义图表的名称。它可以自动与坐标轴对齐或居中排列于图表的最顶端。图表标题分为 3 种，分别为：图表标题、分类 X 轴和数据 Y 轴。

（4）**数值轴标题和分类轴标题**

数值轴标题位于图表的左边，标记数值轴的名称；分类轴标题位于图表的下边，标记分类轴的名称。

（5）数值轴

数值轴是位于图表左边的坐标轴。

（6）数值轴主要网格线

网格线和坐标纸类似，是图表中从坐标轴刻度延伸并贯穿整个绘图区的可选线系列。网格线的形式有多种：水平的、垂直的、主要的和次要的，用户在使用时还可以对它们进行组合。网格线使对图表中的数据进行观察和估计更加准确和方便。

（7）背景墙和基底

背景墙和基底是三维图表的组成部分，它以 X 轴、Y 轴和 Z 轴所构成的平面为背景墙，以 X 轴和 Y 轴所构成的平面为基底。

（8）数据系列

在 Excel 2013 中，数据系列又称为分类，指的是图表上的一组相关数据点。每一个数据系列都由具有相同图案的数据标记来代表。工作表中的每一个数据都由一个数据标记代表。每一个数据系列分别来自于工作表的某一行或某一列。在同一张图表中，可以绘制多个数据系列。

（9）图例

图例是包围"图例项标示"和"图例项"的方框，每个图例项标示和图表中相应数据系列的颜色及图案一致。

10.1.2　图表类型

Excel 2013 中自带各种图表，如柱形图、折线图、饼图、条形图等，各种类型的图表都有各自适用的场合，下面将对其进行详细介绍。

1．柱形图

柱形图是 Excel 2013 默认的图表类型，也是用户使用较多的一类图表。它以垂直的柱状图形来表示数据点，柱形的高度则代表数值的大小，如下图（左）所示。柱形图通常用于不同时期或不同类别数据之间的比较，也可用来反映不同时期和不同类别数据的差异。

柱形图的分类轴（水平轴）用来表示时间或类别；数值轴（垂直轴）用来参照数据值的大小。对于相同时期或类别上的不同系列，则可以用图例和颜色来区分。

2．折线图

折线图是用来表示数据随时间推移而变化的一类图表，其以点状图形为数据点，并由左向右用直线将各点连接成为折线形状，折线的起伏可以反映出数据的变化趋势，如下图（右）所示。

折线图用一条或多条折线来绘制一组或多组数据。通过观察可以判断每一组数据的峰值与谷值，以及折线变化的方向、速率和周期等。对于多条折线，还可以观察各折线的变化趋势是否相近或相异，并据此说明问题。

在折线图中，分类轴（水平轴）表示时间的推移，数值轴（垂直轴）用于参照在折线上与某个时刻对应特定点的数值大小。

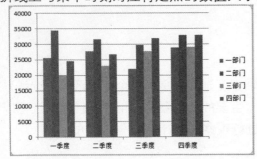 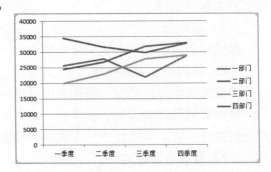

3．饼图

饼图通常只有一个数据系列，它将一个圆划分为若干个扇形，每个扇形代表数据系列中的一项数据值，扇形的大小表示相应数据项占该数据系列总和的比例值，如下图（左）所示。饼图通常用来描述构成比例方面的信息。

4．条形图

可以把条形图看做水平放置的柱形图，它以水平的条状图形表示数据点，条形的长度代表数值的大小，如下图（右）所示。条形图主要用于比较不同类别数据之间的差异。

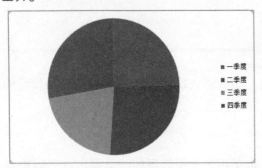 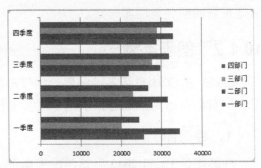

与柱形图相反，条形图以垂直方向的坐标轴为分类轴、水平方向的坐标轴为数值轴。如果分类刻度标签较长，使用此类图表可以避免刻度标签的文字挤在一起。

5．面积图

面积图实际上是折线图的另一种表现形式，它利用各系列的折线与坐标轴间围成的图形来表达各系列数据随时间推移的变化趋势，用于强调各系列同其总体之间存在的部分与整体的关系，如下图（左）所示。

6．XY 散点图

XY 散点图用来说明一组或多组变量间的相互关系，其每一个数据点都由两个分别对应

于 XY 坐标轴的变量构成，每一组数据构成一个数据系列。XY 散点图的数据点一般呈簇状不规则分布，可用线段将数据点连接在一起，也可仅用数据点来说明数据的变化趋势、离散程度以及不同系列数据间的相关性，如下图（右）所示。

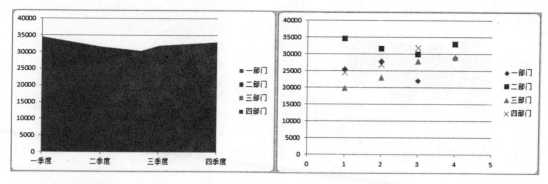

7．曲面图

曲面图用于寻找两组数据之间的最佳组合，类似拓扑图形，如下图（左）所示。曲面图中的颜色和图案用于指示在同一取值范围内的区域。

8．圆环图

圆环图与饼图类似，也用来描述构成比例的信息，但它可以有多个数据系列。圆环图由一个或多个同心的圆环组成，每个圆环表示一个数据系列，并划分为若干个环形段，每个环形段的长度代表一个数据值在相应数据系列中所占的比例，如下图（右）所示。环形图常用来比较不同性质但相关联的多组数据的构成比例关系。

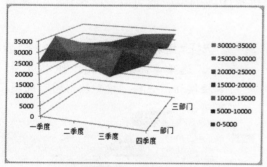
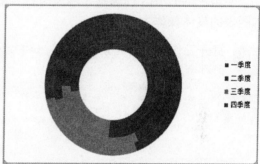

9．气泡图

气泡图是 XY 散点图的扩展，相当于在 XY 散点图的基础上增加第 3 个变量，即气泡的尺寸。气泡所处的坐标值代表对应于 x 轴（水平轴）和 y 轴（垂直轴）的两个变量值，气泡的大小用来表示数据系列中第 3 个变量的值，数值越大，气泡就越大，如下图（左）所示。因此，气泡图可用于分析更为复杂的数据关系，除两组之间的关系外，还可以对另一组相关指标的数值大小进行描述。

10．雷达图

雷达图常用于多项指标的全面分析，具有完整、清晰和直观的优点。雷达图的每个分类都有一个独立的坐标轴，各轴由图表中心向外辐射，同一系列的数据点绘制在坐标轴上，以折线参考值绘制成图表的几个系列，并与用实际值绘制成的系列进行比较，使图表的阅读者能够对各项指标的变动情况及好坏趋向一目了然，如下图（右）所示。

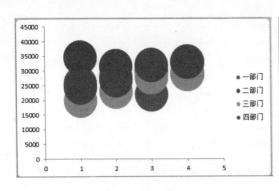
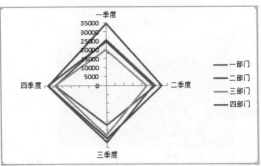

10.2 创建图表

通过为工作表创建图表可以直观地显示出工作表中的数据，以便于数据的分析与处理。在 Excel 2013 中，可以方便、快捷地创建图表，并且可以选择多种类型的图表形状。对于多数图表来说，可以将工作表的行或列中排列的数据绘制在图表中，但某些图表类型则需要特定的数据排列方式。下面将详细介绍如何创建图表。

10.2.1 创建基本图表

使用 Excel 2013 创建基本图表时，只需选择图表的类型便可以完成操作。创建基本图表的具体操作方法如下：

01 **打开工作簿**　打开素材文件，如下图所示。

02 **选择单元格区域**　选择 A2:G7 单元格区域，如下图所示。

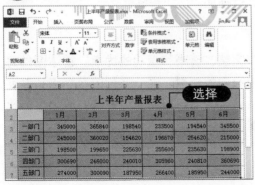

03 **选择"堆积柱形图"选项**　选择"插入"选项卡，单击"图表"组中的"柱形"下拉按钮，选择"堆积柱形图"选项，如下图所示。

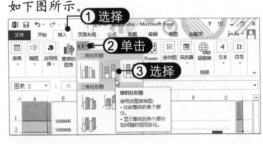

04 **查看图表效果**　此时，即可查看新创建的堆积柱形图表效果，如下图所示。

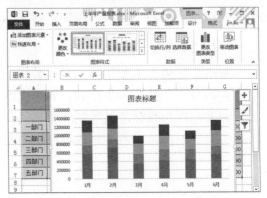

10.2.2 使用快捷键创建图表

使用快捷键创建的图表是基于默认图表类型的图表，具体操作方法如下：

01 **选择单元格区域** 打开素材文件，选择 A2:G7 单元格区域，按【Alt+F1】组合键，即可在工作表中创建一个柱形图表，如下图所示。

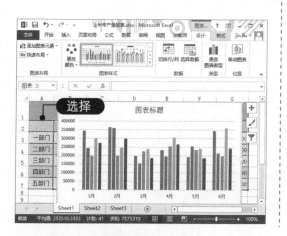

02 **创建图表工作表** 默认情况下，创建的图表会嵌入到工作表中。如果要创建图表工作表，则按【F11】键，就会默认创建一个名称为 Chart1 的图表工作表，如下图所示。

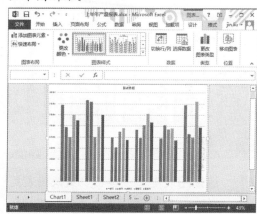

10.2.3 创建组合图表

组合图表就是使用两种或多种图表类型来强调图表中包含不同类型的信息。创建组合图表的具体操作方法如下：

01 **选择单元格区域** 打开素材文件，选择 A2:G7 单元格区域，如下图所示。

02 **选择"簇状柱形图"选项** 选择"插入"选项卡，单击"图表"组中的"柱形图"下拉按钮，选择"簇状柱形图"选项，如下图所示。

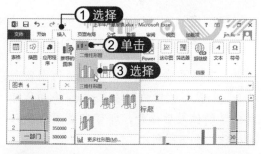

03 **查看插入效果** 此时即可查看插入簇状柱形图后的图表效果，如下图所示。

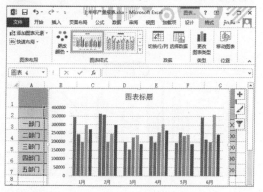

04 单击"更改图表类型"按钮 在图表中选中"一部门"数据系列，此时在数据系列周围出现选择控制点，选择"设计"选项卡，单击"类型"组中的"更改图表类型"按钮，如下图所示。

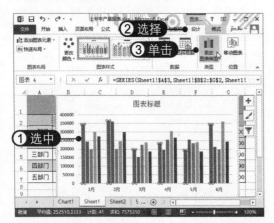

05 选择图表类型 弹出"更改图表类型"对话框，在"图表类型"下拉列表框中选择"带数据标记的折线图"选项，单击"确定"按钮，如下图所示。

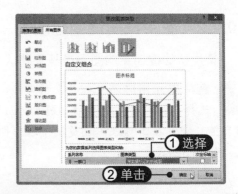

06 查看组合图表效果 此时可查看组合图表创建成功的效果，如下图所示。

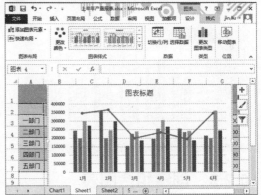

10.2.4 移动图表的位置

将创建的图表移动到合适的位置，具体操作方法如下：

方法一：在工作表内移动图表

01 选择图表 选择需要移动的图表，将鼠标指针放到该图表上，拖动鼠标到合适的位置后松开，即可完成图表的移动操作，如下图所示。

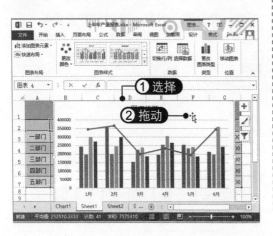

02 查看移动效果 此时，即可查看移动图表之后的最终效果，如下图所示。

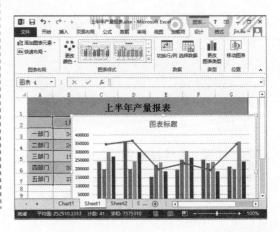

方法二：在工作表间移动工作表

如果想把图表放在工作簿另外的工作表中，可以按照下面的方法进行操作：

01 单击"移动图表"按钮　选中要移动的图表，单击"设计"选项卡下"位置"组中的"移动图表"按钮，如下图所示。

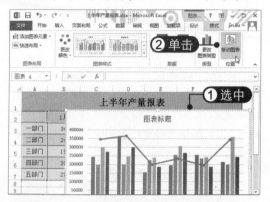

02 选择移动位置　弹出"移动图表"对话框，选中"新工作表"单选按钮，单击"确定"按钮，如下图所示。

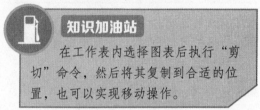

知识加油站

在工作表内选择图表后执行"剪切"命令，然后将其复制到合适的位置，也可以实现移动操作。

03 查看移动效果　此时即可查看移动后的效果，图表以图表工作表显示，如下图所示。

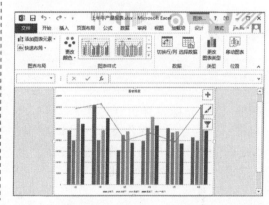

10.2.5 转变图表类型

如果创建的图表无法直观地表达数据，则可以根据需要转变图表类型，具体操作方法如下：

01 单击"更改图表类型"按钮　选中图表，选择"设计"选项卡，单击"更改图表类型"按钮，如下图所示。

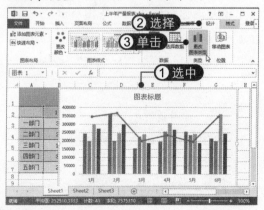

02 选择图表类型　弹出对话框，选择"推荐的图表"选项，在左侧选择要更改的图表类型，在右侧可预览其效果，单击"确定"按钮，如下图所示。

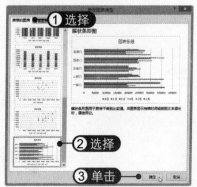

10.2.6　创建迷你图

迷你图是 Excel 中加入的一种全新的图表制作工具，它以单元格为绘图区域，能够简单、便捷地为我们绘制出简明的数据小图表，方便地把数据以小图的形式呈现出来，是存在于单元格中的小图表。

1．创建迷你折线图

创建迷你折线图的具体操作方法如下：

01 **单击"折线图"按钮**　打开文件，选择"插入"选项卡，在"迷你图"组中单击"折线图"按钮，如下图所示。

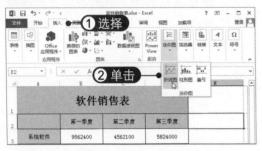

02 **定位光标**　弹出"创建迷你图"对话框，可以看到包含两个文本框："数据范围"和"位置范围"，将光标定位到"数据范围"文本框中，如下图所示。

03 **选择数据范围**　在工作表中选中 B3:D3 单元格区域，然后单击折叠按钮，如下图所示。

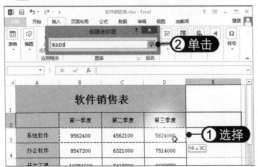

04 **选择放置位置**　返回"创建迷你图"对话框，可以看到"数据范围"已自动填充数据。用同样的方法选择放置迷你图的位置，单击"确定"按钮，如下图所示。

05 **查看迷你折线图**　此时在 E3 单元格中已经创建了表示变化趋势的迷你折线图，如下图所示。

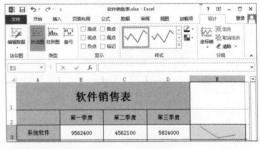

06 **填充迷你图**　向下拖动 E3 单元格右下角的填充柄，在 E4 和 E5 单元格中填充迷你折线图，如下图所示。

2. 编辑迷你图

创建折线迷你图后还可以标记其高低点，更改其颜色，以及将其转换为其他类型的迷你图，具体操作方法如下：

01 **显示标记** 选中迷你图所在的单元格，选择"设计"选项卡，在"显示"组中选中"标记"复选框，此时即可在折线图上显示出高点、低点等标记，如下图所示。

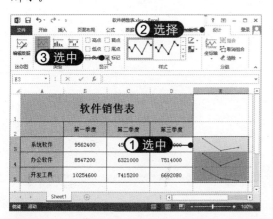

02 **选择迷你图样式** 在"样式"组中单击下拉按钮，在弹出的下拉列表中选择所需的迷你图样式，如下图所示。

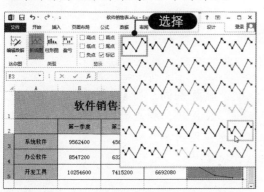

03 **设置迷你图颜色** 在"样式"组中单击"迷你图颜色"下拉按钮，在弹出的颜色列表中选择所需的颜色，如下图所示。

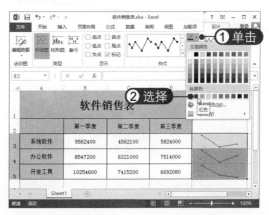

04 **转换迷你图类型** 在"类型"组中单击"柱形图"按钮，即可将迷你折线图转换为柱形图，如下图所示。

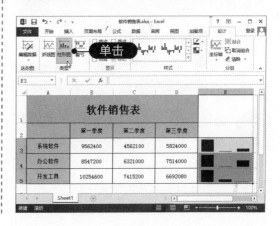

10.3 编辑图表数据

图表是以图形形式反映出表格中的数据的，当更改数据的值时，图表也将相应地发生变化。下面将介绍如何编辑图表数据，如更改系列值、删除与添加系列、重新选择图表数据区域、处理隐藏的单元格、改变数据系列的产生方式等。

10.3.1　更改系列值

　　若要更改图表中的系列大小，只需在工作表中更改系列值即可，具体操作方法如下：

01 **选中系列**　在图表中选中某个系列，可以预览其值，且在工作表中将自动选中与其对应的单元格，如下图所示。

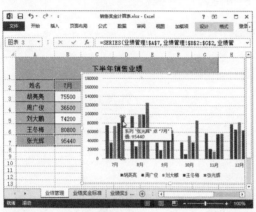

02 **更改系列值**　在工作表中修改数值，可以看到该系列长度将实时发生变化，如下图所示。

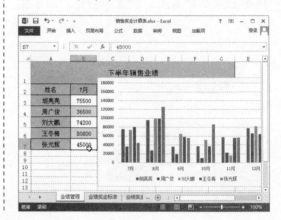

10.3.2　删除系列

　　用户可以通过删除系列或隐藏系列来删除图表中的系列（即图例项），下面将介绍具体操作方法。

1．在图表中直接删除系列

　　图表中的系列即图表中表示数值大小的图形，如在柱形图中表现为矩形形状，在折线图中则表现为折线。在图表中删除系列的方法很简单，具体方法如下：

01 **选择系列**　在图表的绘图区中选中某个系列，在此选中"张光辉"系列，如下图所示。

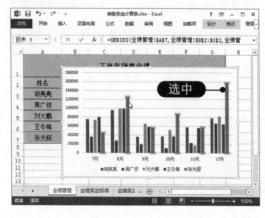

02 **删除系列**　按【Delete】键即可删除该系列，相应的图例项也将自动删除，如下图所示。

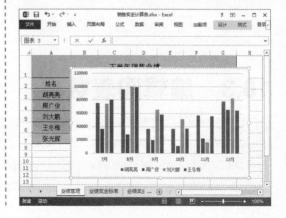

2．通过图表筛选器隐藏系列

在 Excel 2013 中，用户可以使用图表筛选器显示或隐藏图表中的数据，具体操作方法如下：

01 **取消系列**　选中图表，在图表右侧单击"图表筛选器"按钮，取消选择要删除的系列前的复选框，单击"应用"按钮，如下图所示。

02 **隐藏系列**　此时，即可在图表中删除相应的系列。还可使用图表筛选器来隐藏类别，如下图所示。

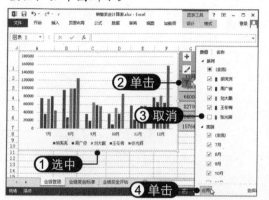

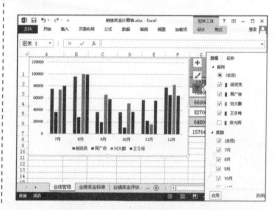

3．通过"选择数据源"对话框删除系列

使用"选择数据源"对话框同样可以显示或隐藏图表系列或类别，具体操作方法如下：

01 **单击"选择数据"按钮**　选中图表，在"设计"选项卡下单击"选择数据"按钮，如下图所示。

02 **取消系列项**　弹出"选择数据源"对话框，取消选择要删除的系列前的复选框，单击"确定"按钮即可，如下图所示。

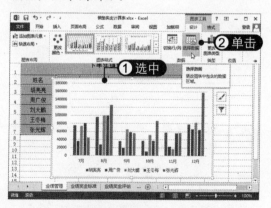

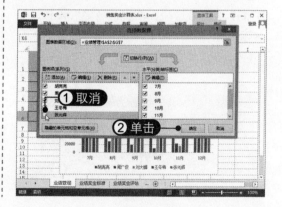

10.3.3　添加系列

将系列隐藏后若要进行添加操作，只需再次选中相应的复选框即可；若是将系列从图表中删除，则需要通过"选择数据源"对话框来添加系列。

添加系列的具体操作方法如下：

01 单击"添加"按钮　打开"选择数据源"对话框，在"图例项"列表中单击"添加"按钮，如下图所示。

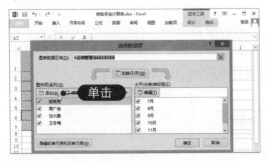

02 选择系列名称　将光标定位到"系列名称"文本框中，在工作表中选择 A7 单元格，如下图所示。

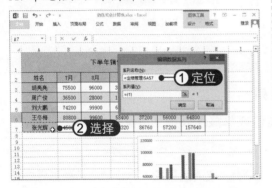

03 选择系列值　将"系列值"文本框中的数据删除，在工作表中选择 B7:G7 单元格区域，单击"确定"按钮，如下图所示。

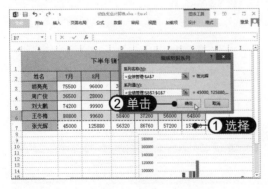

04 单击"编辑"按钮　返回"选择数据源"对话框，可以看到图例项已成功添加。在"水平轴标签"选项中单击"编辑"按钮，如下图所示。

05 编辑轴标签　设置轴标签区域为 B2:G2，单击"确定"按钮，如下图所示。

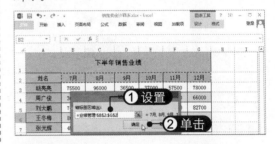

06 完成操作　返回"选择数据源"对话框，可以看到图例项和水平轴标签都已经添加完成，单击"确定"按钮，如下图所示。

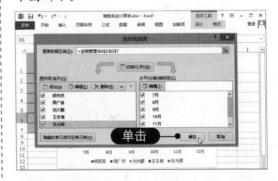

07 查看效果　此时，可以看到"张光辉"系列添加好了，如下图所示。

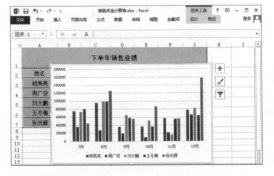

10.3.4 重新选择图表数据区域

在创建图表后还可以重新选择图表数据区域来更改图表数据，具体操作方法如下：

01 **定位光标** 打开对话框，将"图表数据区域"文本框中的数据删除，将光标定位到该文本框中，如下图所示。

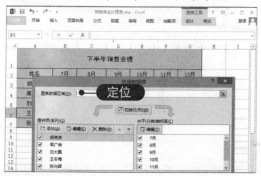

02 **选择图表数据区域** 在工作表中拖动鼠标重新选择数据区域，单击折叠按钮 ，如下图所示。

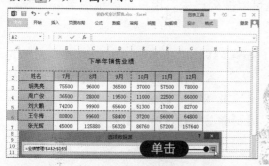

03 **查看图表数据区域** 返回"选择数据源"对话框，可以看到新的图表数据区域，单击"确定"按钮，如下图所示。

04 **查看图表效果** 查看所选数据区域的图表效果，如下图所示。

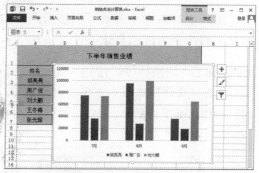

10.3.5 处理隐藏的单元格

默认情况下，在图表中不显示隐藏工作表的行和列中的数据，空单元格显示为空距。不过用户可以设置显示隐藏数据，并更改空单元格的显示方式，具体操作方法如下：

01 **选择"隐藏"命令** 右击第3行单元格，选择"隐藏"命令，如下图所示。

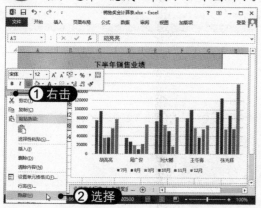

02 **查看隐藏行效果** 此时即可将第3行单元格中的数据隐藏。相应地，在图表中"胡亮亮"分类也被隐藏了，如下图所示。

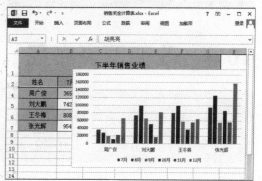

03 单击"隐藏的单元格和空单元格"按钮 打开"选择数据源"对话框，单击"隐藏的单元格和空单元格"按钮，如下图所示。

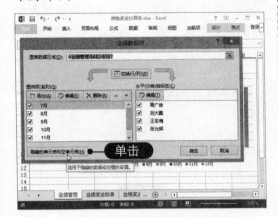

04 设置显示隐藏数据 在弹出的对话框中选中"显示隐藏行列中的数据"复选框，可以在图表中看到"胡亮亮"分类再次显示出来，如下图所示。

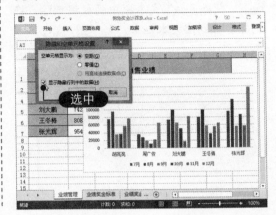

10.3.6 改变数据系列的产生方式

图表中的数据系列既可以按行产生，也可以按列产生。用户可以根据需要更改数据系列的产生方式，具体操作方法如下：

01 单击"切换行/列"按钮 选中图表，在"设计"选项卡下单击"切换行/列"按钮，如下图所示。

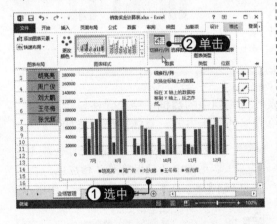

02 转换图表系列 此时可以看到图表系列转换为月份，而分类转换为姓名。此图表可反映出个人在下半年中每个月的销售业绩，如下图所示。

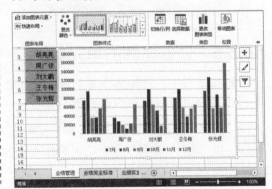

10.4 改变图表布局

图表中包含了多种元素，默认情况下只会显示一部分元素，如图表区、绘图区、坐标轴、图例、网格线等，要显示图表的其他元素，则需要进行添加。通过向图表中添加或删除元素可以更改图表的布局。

10.4.1 添加图表元素

用户可以通过两种方法在图表中添加元素，下面将对其进行具体介绍。

方法一：通过功能区添加图表元素

通过功能区添加图表元素是最常规的方法，具体操作方法如下：

01 **选择添加命令** 打开素材文件，选中图表，在"设计"选项卡下单击"添加图表元素"下拉按钮，选择"图表标题" | "图表上方"命令，如下图所示。

02 **添加图表元素** 此时即可添加图表标题，根据需要修改标题文字，如下图所示。

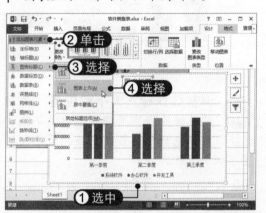
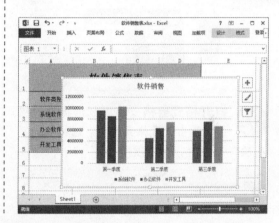

方法二：通过图表工具按钮添加图表元素

在 Excel 2013 中，通过图表上的工具按钮来添加图表元素是一项新功能，具体操作方法如下：

01 **单击"图表元素"按钮** 选中图表，单击"图表元素"按钮，此时将弹出元素列表，如下图所示。

02 **添加图表元素** 选中"数据标签"复选框，在其子菜单中选择"数据标签外"选项，如下图所示。

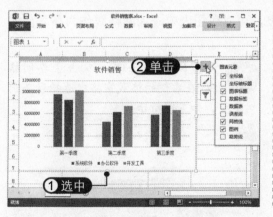
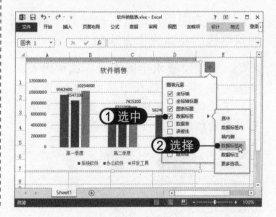

10.4.2 添加数据标签

前面已经介绍了为图表添加数据标签的操作方法，而在实际操作中还可以只对单个系列添加标签，并对标签进行自定义设置，具体操作方法如下：

01 **添加数据标签** 在图表中选择单个系列值，单击"图表元素"按钮，选中"数据标签"复选框，即可为该系列值添加数据标签，如下图所示。

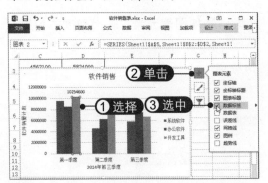

02 **打开格式窗格** 选中数据标签并双击，弹出设置格式窗格，选择"标签选项"选项卡，如下图所示。

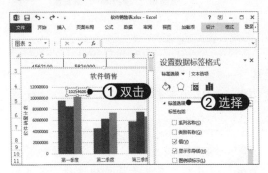

03 **设置数据标签选项** 选中"系列名称"、"类别名称"和"图例项标示"复选框，查看数据标签效果，如下图所示。

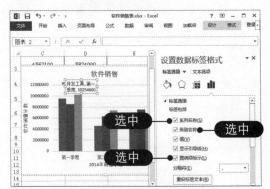

04 **调整数据标签大小和位置** 拖动数据标签的位置将显示出引导线，根据需要调整数据标签文本框的大小和位置，如下图所示。

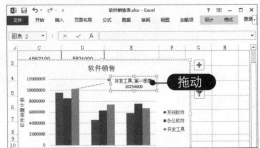

10.4.3 添加网格线

为了方便用户估计、比较各个数据标签，可以在图表中添加网格线作为参考。添加网格线的具体操作方法如下：

01 **添加次要水平网格线** 选中图表，在"设计"选项下单击"添加图表元素"下拉按钮，选择"网格线"|"主轴次要水平网格线"选项，如下图所示。

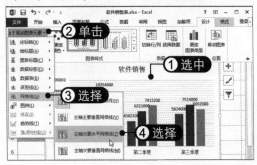

02 **设置网格线选项** 双击主要网格线，在右侧的格式窗格中选择箭头前端类型，如下图所示。

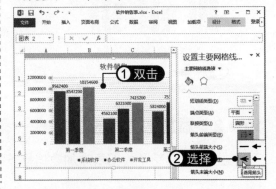

10.4.4　添加坐标轴标题

为了帮助阐明图表中的坐标轴的信息，可以添加坐标轴标题，具体操作方法如下：

01 **添加主要纵坐标轴**　选中图表，在"设计"选项卡下单击"添加图表元素"下拉按钮，选择"轴标题"|"主要纵坐标轴"选项，如下图所示。

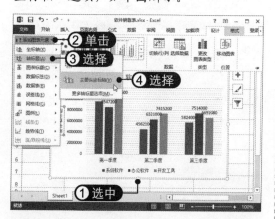

03 **设置文字方向**　选中并双击纵坐标轴标题，在右窗格的"大小属性"选项卡下单击"文字方向"下拉按钮，选择"竖排"选项，如下图所示。

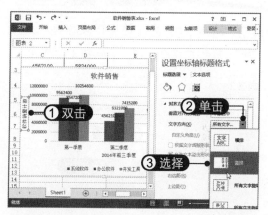

02 **更改坐标轴标题**　此时即可添加纵坐标轴标题，根据需要更改标题文字，如下图所示。

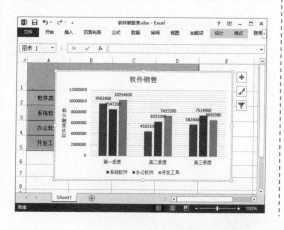

04 **查看设置效果**　此时即可将纵坐标轴标题文字以竖排显示，效果如下图所示。

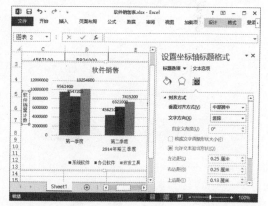

10.4.5　将标题链接到单元格

用户可以将单元格中的内容与图表标题或坐标轴标题链接起来，这样当单元格中的内容发生变化时，图表标题也将随之改变，无须重新输入，具体操作方法如下：

01 **添加图表标题**　选中图表，在"设计"选项卡下单击"添加图表元素"　下拉按钮，选择"图表标题"|"图表上方"选项，为图表添加标题，如下图所示。

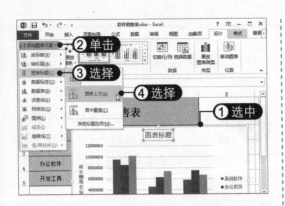

02 输入 "=" 号　选中图表标题，在编辑栏中输入 "=" 号，如下图所示。

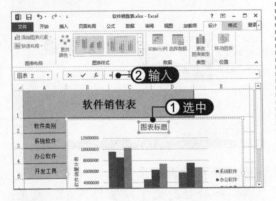

03 选择单元格　选择要作为图表标题的单元格，此时在编辑栏中将自动填充数据，如下图所示。

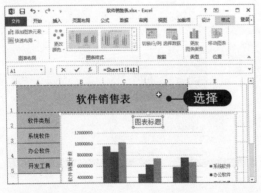

04 确认选择　按【Enter】键，可以看到图表标题文字自动转换为单元格内容，如下图所示。

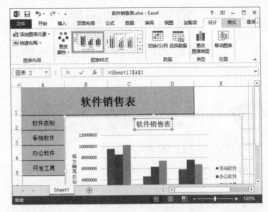

05 修改单元格内容　双击标题单元格，修改内容，如下图所示。

06 查看图表标题　按【Enter】键，可以看到图表标题文字也随之修改，如下图所示。

10.4.6　更改图例的位置

在图表中添加图例后，可以根据需要更改其位置，具体操作方法如下：

01 **添加图例** 选中图表，在"设计"选项卡下单击"添加图表元素"下拉按钮，选择"图例"|"顶部"选项，即可将图例置于图表顶部，如下图所示。

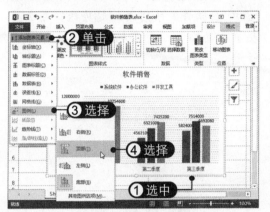

02 **设置图例选项** 双击图例，在右窗格中选择"图例选项"选项卡，选中"靠右"单选按钮，即可将图例置于图表右侧，如下图所示。

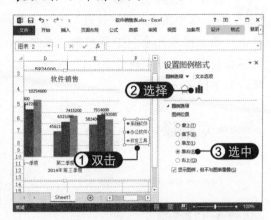

10.4.7 应用快速布局样式

Excel 2013 提供了多种常用的布局样式供用户选择，使用这些布局样式可以快速更改图表的布局外观。应用布局样式的具体操作方法如下：

01 **选择"布局 2"选项** 选中图表，在"设计"选项卡下单击"快速布局"下拉按钮，选择"布局2"选项，查看图表布局效果，如下图所示。

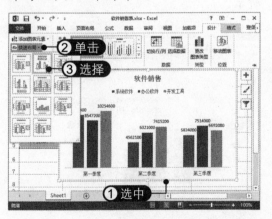

02 **选择"布局5"选项** 选择"布局5"选项，查看图表的布局效果，可以看到其中添加了数据表，如下图所示。

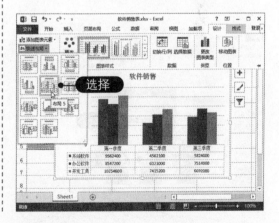

10.5 趋势线和误差线的应用

使用趋势线和误差线可以对图表数据进行分析。趋势线用图形的方式显示了数据的预测趋势，并可用于预测分析。误差线表示图形上相对于数据系列中每个数据点或数据标记的潜在误差量。下面将详细介绍趋势线和误差线的应用方法。

10.5.1　添加趋势线

在图表中添加趋势线的具体操作方法如下：

01 选择"趋势线"命令　打开素材文件，选中图表，在"设计"选项卡下单击"添加图表元素"下拉按钮，在弹出的下拉列表中选择"趋势线"|"线性"选项，如下图所示。

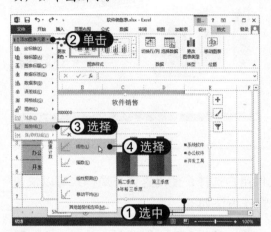

02 选择系列　弹出"添加趋势线"对话框，选择要添加趋势线的系列，单击"确定"按钮，如下图所示。

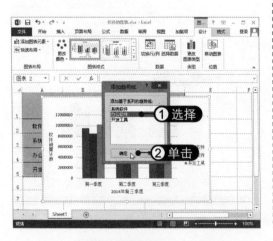

03 添加趋势线　此时，即可为"办公软件"系列添加趋势线，并在图表中自动添加了对应的图例项，如下图所示。

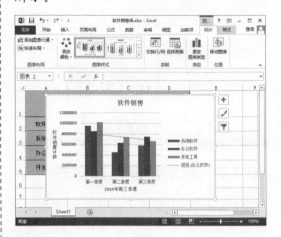

04 更改趋势线类型　双击趋势线，打开"设置趋势线格式"窗格，在"趋势线选项"选项卡中选中"多项式"单选按钮，更改趋势线的类型，如下图所示。

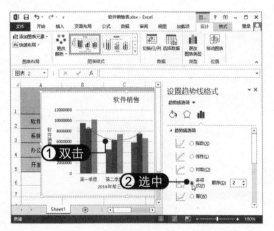

10.5.2　添加误差线

在图表中还可以添加误差线，具体操作方法如下：

01 选择数据区域　新建一个工作表并输入数据，选择 A1:B6 单元格区域，选择"插入"选项卡，如下图所示。

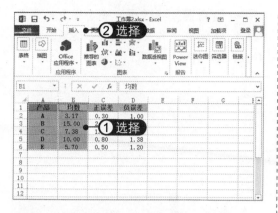

02 选择图表类型 单击"柱形图"下拉按钮,在弹出的列表中选择"簇状柱形图"类型,如下图所示。

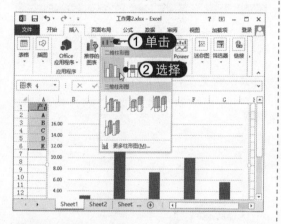

03 选择误差线命令 此时即可创建柱形图表。选中图表,在"设计"选项卡下单击"添加图表元素"下拉按钮,在弹出的下拉列表中选择"误差线"|"其他误差线选项"命令,如下图所示。

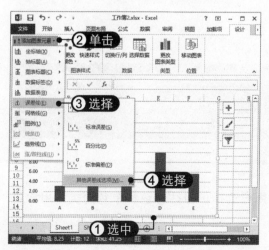

04 选择误差线类型 打开"设置误差线格式"窗格,在"误差线选项"选项卡下选中"正负偏差"单选按钮,如下图所示。

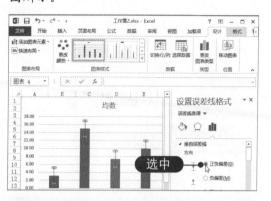

05 单击"指定值"按钮 在"误差量"选项区中选中"自定义"单选按钮,单击"指定值"按钮,如下图所示。

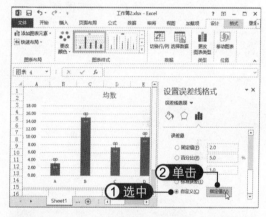

06 定位光标 弹出"自定义错误栏"对话框,删除"正错误值"文本框中的内容,将光标定位到"正错误值"文本框中,如下图所示。

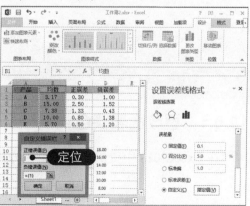

07 选择正错误值 在工作表中选择 C2:C6 单元格区域，单击"折叠"按钮，如下图所示。

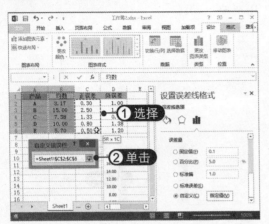

08 选择负错误值 用同样的方法在"负错误值"文本框中设置 D2:D6 单元格区域，单击"确定"按钮，如下图所示。

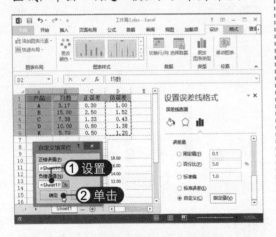

09 查看误差线效果 查看图表的误差线效果，其长度与正负误差数据相对应，如下图所示。

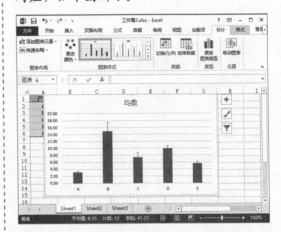

10 设置误差线格式 选中误差线，在"误差线选项"选项卡下设置误差线的颜色和宽度，如下图所示。

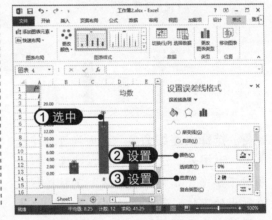

10.6　图表的美化

在创建图表后，用户可以为图表应用预设样式，或单独设置各图表元素的格式，还可以在图表中插入形状、图片等。对图表进行格式设置，可以更改其外观样式，美化图表。下面将介绍如何对图表进行美化操作。

10.6.1　更改图表颜色

在 Excel 2013 中提供了多种颜色方案供用户选择，包括彩色和单色两类，用户可以根据需要选择所需的颜色效果，具体操作方法如下：

01 **选择彩色** 选中图表，在"设计"选项卡下单击"更改颜色"下拉按钮，选择所需的颜色，如下图所示。

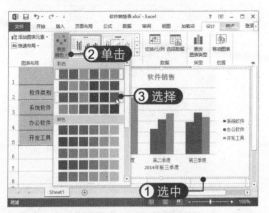

02 **选择单色** 单击图表右侧的"图表样式"按钮，在弹出的列表中选择"颜色"选项卡，选择一种颜色，如下图所示。

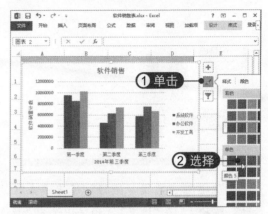

10.6.2 更改图表样式

在 Excel 2013 中提供了多种图表样式，用户可以根据需要选择所需的样式，以快速更改图表的整体外观样式，具体操作方法如下：

01 **选择图表样式** 选中图表，在"设计"选项卡下单击"图表样式"下拉按钮，在弹出的列表中选择所需的样式，如下图所示。

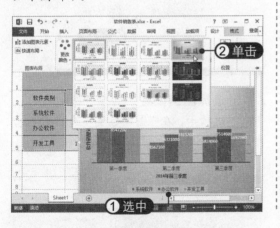

02 **使用图表按钮选择样式** 单击图表右侧的"图表样式"按钮，在弹出的列表中选择"样式"选项卡，根据需要选择一种样式，如下图所示。

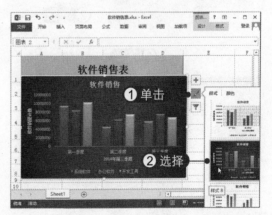

10.6.3 通过格式窗格设置格式

每个图表元素都包括一个与其对应的格式窗格，用于对其填充、线条、效果及参数进行设置。通过格式窗格设置图表格式的具体操作方法如下：

01 **打开格式窗格** 打开素材文件，双击图表，在右侧将展开"设置图表区格式"窗格，如下图所示。

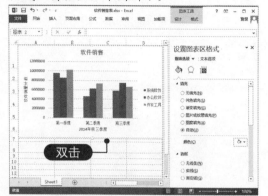

02 **选择渐变效果** 选择"填充线条"选项卡，在"填充"选项区中选中"渐变填充"单选按钮，单击"预设渐变"下拉按钮，在弹出的列表中选择所需的渐变效果，如下图所示。

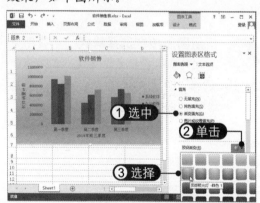

03 **设置渐变参数** 设置渐变"类型"和"方向"，查看图表填充效果，如下图所示。

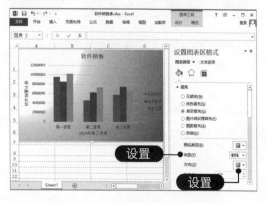

04 **选中图例项** 选中图例项，此时右窗格将自动变为"设置图例格式"窗格，从中选择"效果"选项卡，如下图所示。

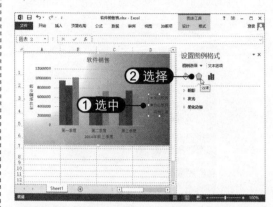

05 **选择阴影效果** 展开"阴影"选项，单击"预设"下拉按钮，在弹出的下拉列表中选择阴影效果，如下图所示。

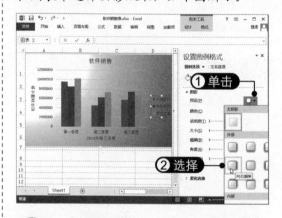

06 **选择图例位置** 选择"图例选项"选项卡，在"图例位置"选项区中选中"靠上"单选按钮，如下图所示。

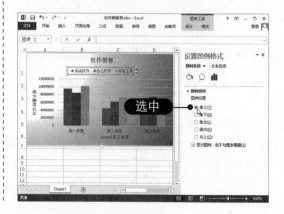

07 设置纵坐标轴标题文字方向 在图表中选中纵坐标轴标题,在右侧格式窗格中选择"大小属性"选项卡,单击"文字方向"下拉按钮,在弹出的下拉列表中选择"竖排"选项,如下图所示。

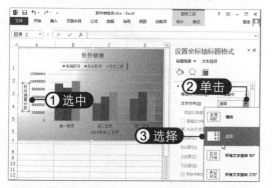

09 设置纵坐标轴单位 在图表中选中纵坐标轴,在右侧格式窗格选择"坐标轴选项"选项卡,在"坐标轴选项"中选择显示单位为"百万",选中"在图表上显示刻度单位标签"复选框,如下图所示。

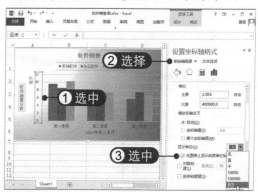

08 设置纵坐标轴标题效果 选择"填充线条"选项卡,从中设置纵坐标轴的填充颜色和边框样式,如下图所示。

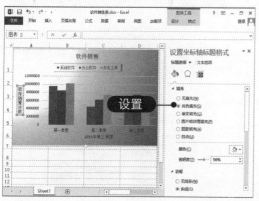

10 添加纵坐标轴刻度标记 在"刻度线标记"中选择"主要类型"和"次要类型"为"内部",如下图所示。

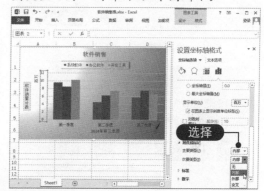

10.6.4 使用"格式"选项卡设置图表格式

在"格式"选项卡下可以设置图表元素的形状样式及文本样式,具体操作方法如下:

01 单击"其他"按钮 在图表中选中"系统软件",选择"格式"选项卡,单击"其他"按钮,如下图所示。

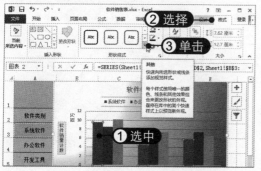

02 应用形状样式 在弹出的样式列表中选择所需的效果,如下图所示。

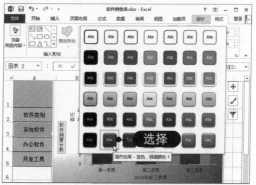

03 设置其他系列格式　用同样的方法对其他系列应用形状样式，如下图所示。

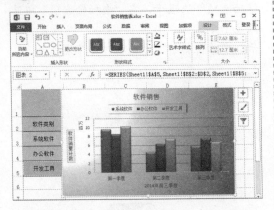

04 设置绘图区格式　在图表中选中绘图区，在"形状样式"中单击"形状填充"下拉按钮，在弹出的下拉列表中选择"羊皮纸"纹理效果，如下图所示。

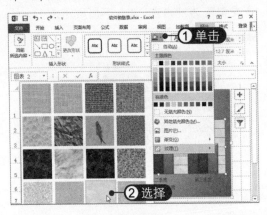

05 为图表标题应用艺术字样式　选中图表标题，单击"艺术字样式"下拉按钮，在弹出的列表中选择所需的艺术字样式，如下图所示。

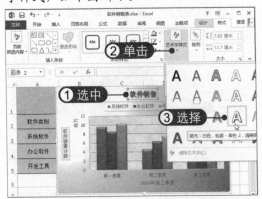

06 增大标题字号　选中图表标题，在"开始"选项卡下"字体"组中单击"增大字号"按钮，增大图表标题的字号，如下图所示。

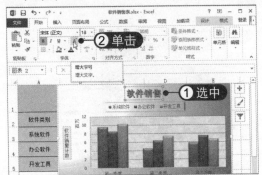

10.6.5　插入形状

除了在图表中添加元素外，还可在图表中插入形状以丰富内容，具体操作方法如下：

01 调整图例位置　在图表中选中图例并拖动，调整其位置，如下图所示。

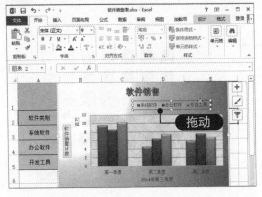

02 单击"其他"按钮　选中图表，选择"格式"选项卡，单击"插入形状"组中的"其他"按钮，如下图所示。

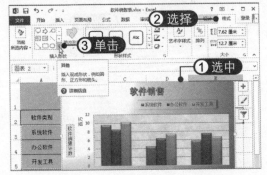

03 选择形状 在弹出的形状列表中选择形状样式，如下图所示。

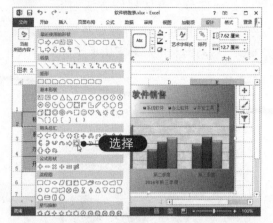

04 绘制形状 在图表上拖动鼠标绘制形状，选中形状，输入所需的文本，如下图所示。

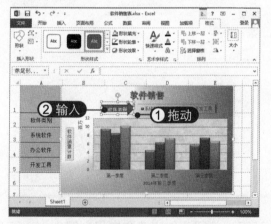

05 设置形状样式 选中形状，在"格式"选项卡下"形状样式"组中应用预设样式，单击"形状轮廓"下拉按钮，在弹出的列表中选择线条粗细，如下图所示。

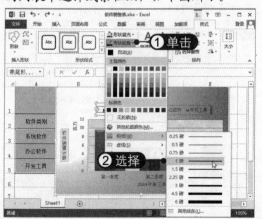

06 选择"设置对象格式"命令 右击形状，在弹出的快捷菜单中选择"设置对象格式"命令，如下图所示。

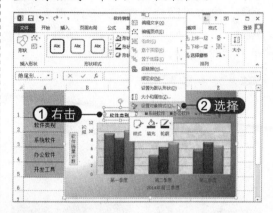

07 设置形状边距 打开"设置形状格式"窗格，在"大小属性"选项卡下设置"上边距"和"下边距"，如下图所示。

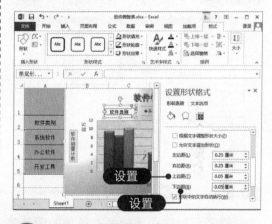

08 添加文本效果 在"艺术字样式"组中单击"文本效果"下拉按钮，在弹出的下拉列表中选择一种发光效果，如下图所示。

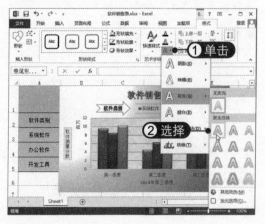

10.6.6 插入图片

用户可以将图片插入图表中，使其成为图表的一部分，具体操作方法如下：

01 单击"图片"按钮　选中图表，选择"插入"选项卡，在"插图"组中单击"图片"按钮，如下图所示。

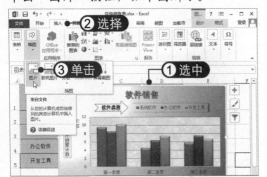

02 选择图片　弹出对话框，选择要插入的图片，单击"插入"按钮，如下图所示。

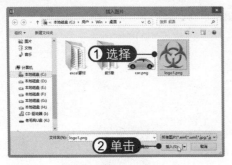

03 插入图片　此时即可将所选图片插入到图表中，如下图所示。

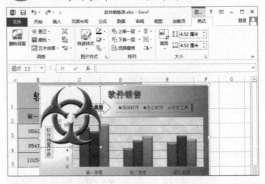

04 调整图片　根据需要调整图片的大小和位置，如下图所示。

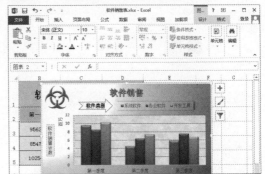

10.6.7 设置图片填充

除了可以在图表中插入单独的图片外，还可以将图片作为填充应用到图表中。下面以设置数据系列图片填充为例，介绍如何应用图片填充，具体操作方法如下：

01 选择"设置数据系列格式"命令　选中"开发工具"系列并右击，选择"设置数据系列格式"命令，如下图所示。

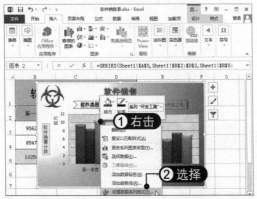

02 单击"文件"按钮　打开窗格，选中"图片或纹理填充"单选按钮，单击"文件"按钮，如下图所示。

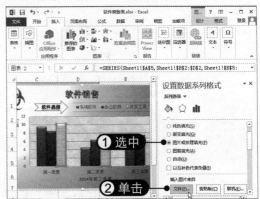

03 **选择图片** 弹出"插入图片"对话框，选中图片文件，然后单击"插入"按钮，如下图所示。

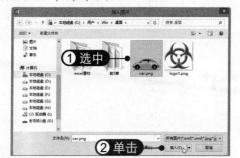

04 **插入图片** 此时可将图片作为形状填充插入到图表中，如下图所示。

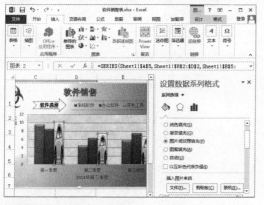

05 **设置图片层叠** 在"设置数据系列格式"窗格中选中"层叠"单选按钮，查看图片填充效果，如下图所示。

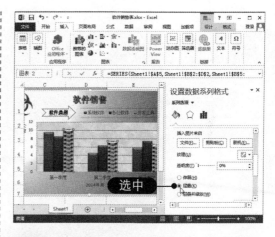

06 **设置图案填充** 还可以采用同样的方法来设置图案填充，最终效果如下图所示。

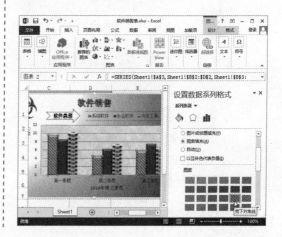

数据透视表与
数据透视图的应用

如果数据排序、筛选和分类汇总等不能满足数据分析的需要，此时就需要使用数据透视表功能。数据透视表是对数据的查询与分析，是深入挖掘数据内部信息的重要工具；数据透视图则是数据透视表的图形展示。本章将详细介绍数据透视表和数据透视图的相关知识。

本章要点

- ◎ 创建、移动与删除数据透视表
- ◎ 更改行标签和列标签
- ◎ 筛选数据透视表数据
- ◎ 更改数据透视表的布局
- ◎ 数据透视表排序与字段设置
- ◎ 使用切片器与筛选器
- ◎ 使用条件格式
- ◎ 数据透视图的应用

知识等级

Excel 高级读者

建议学时

建议学习时间为 150 分钟

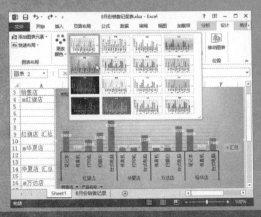

11.1 创建数据透视表

用户可以从多种源创建数据透视表，既可以从 Excel 表格创建数据透视表，也可以从外部数据创建数据透视表。如果要从外部数据创建数据透视表，首先需要检索外部数据。

11.1.1 在新工作表中创建数据透视表

在新工作表中创建数据透视表的具体操作方法如下：

01 **单击"数据透视表"按钮** 打开文件，选择任一数据单元格，在"插入"选项卡的"表格"组中单击"数据透视表"按钮，如下图所示。

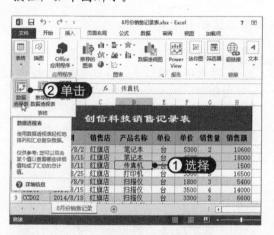

02 **选中"新工作表"单选按钮** 弹出"创建数据透视表"对话框，此时将自动选中表区域。选中"新工作表"单选按钮，单击"确定"按钮，如下图所示。

03 **拖动字段** 此时即可在新工作表中创建一个空的数据透视表，并显示字段窗格。将"销售店"字段拖至"行"区域中，如下图所示。

04 **添加行标签** 此时，即可在数据透视表中添加了行标签，最终效果如下图所示。

05 在行标签中添加字段　将"产品名称"字段拖至"销售店"字段下方，查看数据透视表效果，如下图所示。

06 在"值"区域添加字段　将"销售额"字段拖至"值"区域中，查看数据透视表效果，如下图所示。

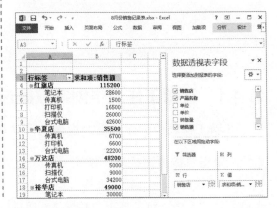

11.1.2　在当前工作表中创建数据透视表

在当前工作表中创建数据透视表的具体操作方法如下：

01 单击"数据透视表"按钮　在工作表中选择任一数据单元格，在"插入"选项卡的"表格"组中单击"数据透视表"按钮，如下图所示。

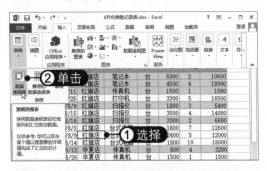

02 选中"现有工作表"单选按钮　弹出对话框，此时将自动选中表区域。选择"现有工作表"单选按钮，将光标定位到"位置"文本框中，如下图所示。

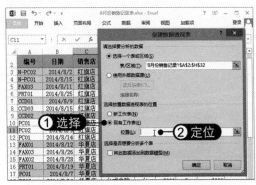

03 选择位置　在工作表中选择放置数据透视表的位置，单击"确定"按钮，如下图所示。

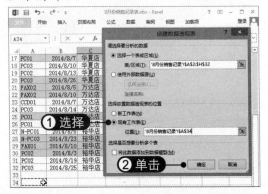

04 创建数据透视表　此时即可创建数据透视表，将"产品名称"字段拖至"行"区域中，将"销售店"拖至"列"区域中，将"销售额"字段拖至"值"区域中，如下图所示。

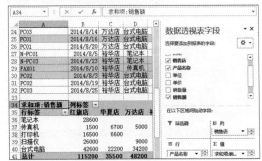

11.2 移动与删除数据透视表

为了便于在数据透视表的当前位置插入工作表单元格、行或列，可以移动数据透视表的位置。当不再需要数据透视表时，可以将其删除。下面将介绍移动和删除数据透视表的具体操作方法。

11.2.1 移动透视表

移动数据透视表的具体操作方法如下：

01 **单击"移动数据透视表"按钮** 选中数据透视表的任一单元格，在"分析"选项卡下"操作"组中单击"移动数据透视表"按钮，如下图所示。

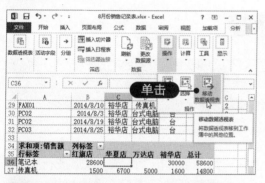

02 **选择位置** 在工作表中选择位置，单击折叠按钮，如下图所示。

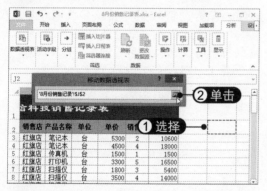

03 **单击折叠按钮** 弹出"移动数据透视表"对话框，选中"现有工作表"

单选按钮，单击"位置"文本框右侧的折叠按钮，如下图所示。

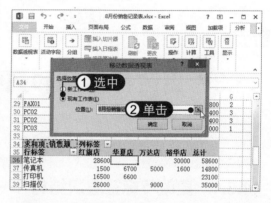

04 **移动数据透视表** 返回"移动数据透视表"对话框，单击"确定"按钮，即可移动数据透视表的位置，如下图所示。

11.2.2 删除数据透视表

删除数据透视表的具体操作方法如下：

01 **选择数据透视表命令** 选中数据透视表任一单元格，在"分析"选项卡下"操作"组中单击"选择"下拉按钮，选择"整个数据透视表"命令，如下图所示。

02 **删除数据透视表** 此时即可将整个数据透视表选中，按【Delete】键即可删除数据透视表，如下图所示。

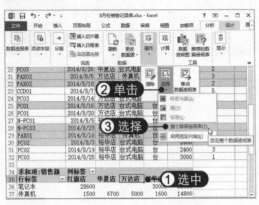

11.3　更改行标签和列标签

创建数据透视表后，可以使用"数据透视表字段"窗格为其添加、重新排列或删除数据透视表字段。下面将介绍如何更改数据透视表中的行标签和列标签。

11.3.1　更改行标签层次结构

在数据透视表中添加字段通常是将非数值字段添加到"行"区域，以形成行标签。通过更改字段顺序可以更改行标签的层次结构，位置较低的行嵌套在紧靠它上方的另一行中。更改行标签层次结构的具体操作方法如下：

01 **调整字段顺序** 在"数据透视表字段"窗格的"行"区域中将"销售店"字段拖至"产品名称"字段下方，如下图所示。

02 **查看调整效果** 更改字段顺序后在数据透视表中查看行标签效果，可以看到行标签变为"产品名称"，而"销售店"位于其下一级，如下图所示。

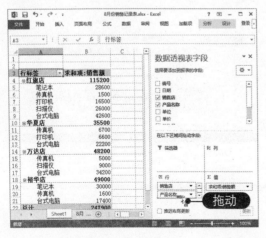

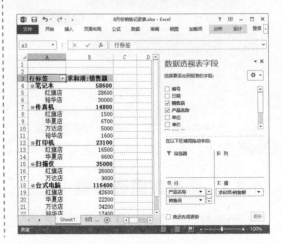

11.3.2　添加列标签

在"数据透视表字段"窗格中，"列"区域字段在数据透视表顶部显示为"列标签"。在数据透视表中添加列标签的具体操作方法如下：

01 **添加列标签**　在"数据透视表字段"窗格的"行"区域中将"销售店"字段拖至"列"区域中，如下图所示。

02 **查看效果**　查看数据透视表，可以看到"销售店"转变为列标签，如下图所示。

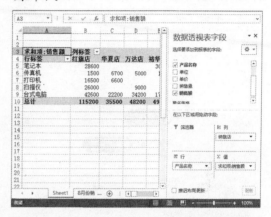

11.4　筛选数据透视表数据

如果数据透视表连接到包含大量数据的外部数据源，为了分析数据用户，可以在对一个或多个字段添进行筛选，这样也有助于减少更新报表所需的时间。

11.4.1　在透视表中筛选数据

在数据透视表中筛选数据的具体操作方法如下：

01 **筛选行标签**　在数据透视表中单击"行标签"下拉按钮，在弹出的列表中选中要保留的行标签前面的复选框，单击"确定"按钮，如下图所示。

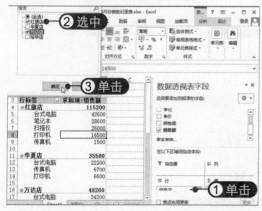

02 **查看筛选效果**　对行标签筛选后查看数据透视表效果，可以看到只保留了"红旗店"和"万达店"两个行标签，如下图所示。

11.4.2 在"数据透视表字段"窗格中筛选数据

在创建数据透视表前，可以在"数据透视表字段"窗格中先对字段数据进行筛选，具体操作方法如下：

01 筛选产品名称　在"数据透视表字段"窗格中单击"产品名称"下拉按钮，在弹出的列表中选中要保留的产品名称前的复选框，单击"确定"按钮，如下图所示。

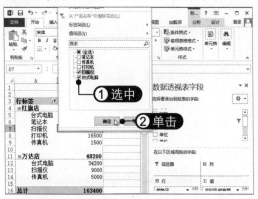

02 查看筛选结果　此时即可查看数据透视表筛选结果，可以看到只保留了"台式电脑"和"扫描仪"两个产品名称，如下图所示。

11.5 更改数据透视表的布局

创建数据透视表后可以根据需要更改其布局，如显示或隐藏分类汇总、以大纲或表格形式显示报表布局，以及在各组间添加空行等。

11.5.1 显示与隐藏分类汇总

当创建显示数值的数据透视表时会自动显示金额、分类汇总和总计，也可以调整其显示位置或将其隐藏，具体操作方法如下：

01 设置显示分类汇总　选中数据透视表中的任一单元格，选择"设计"选项卡，在"布局"组中单击"分类汇总"下拉按钮，选择"在组的底部显示所有分类汇总"命令，如下图所示。

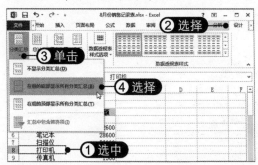

02 查看分类汇总效果　此时即可在每组底部显示出汇总结果，如下图所示。

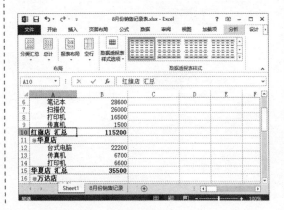

11.5.2 设置报表布局

用户可以更改数据透视表及其各个字段的形式：压缩、大纲或表格，还可以在行或项后显示或隐藏空白行，具体操作方法如下：

01 **设置以大纲形式显示报表** 选择数据透视表中的任一单元格，选择"设计"选项卡，单击"报表布局"下拉按钮，选择"以大纲形式显示"命令。如下图所示。

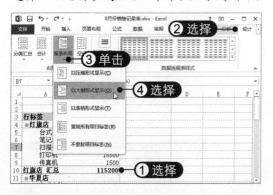

02 **查看大纲报表布局** 此时即可以大纲形式显示数据透视表，如下图所示。

03 **设置以表格形式显示报表** 单击"报表布局"下拉按钮，选择"以表格形式显示"命令，如下图所示。

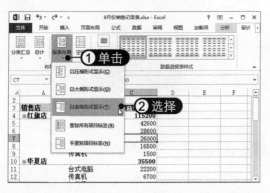

04 **查看表格报表布局** 此时即可在数据透视表中自动添加表格线，如下图所示。

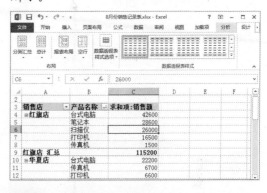

05 **设置插入空行** 单击"空行"下拉按钮，选择"在每个项目后插入空行"命令，如下图所示

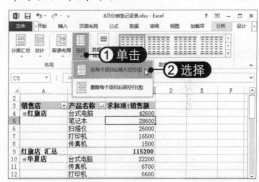

06 **查看空行效果** 此时即可在每个行标签项目后添加一个空行，如下图所示。

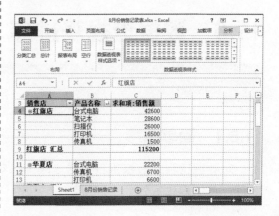

11.5.3 更改数据透视表样式

用户可以为数据透视表应用样式以更改其外观，具体操作方法如下：

01 单击"数据透视表样式"下拉按钮 选择数据透视表中任一单元格，选择"设计"选项卡，单击"数据透视表样式"下拉按钮，如下图所示。

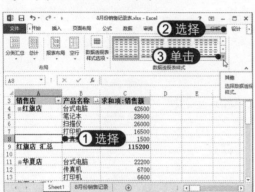

02 选择样式 弹出数据透视表样式列表，从中选择所需的样式，如下图所示。

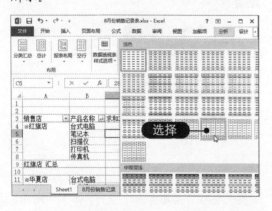

03 应用样式 查看应用了样式的数据透视表效果，如下图所示。

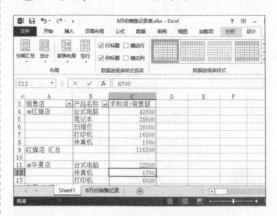

04 设置数据透视表样式选项 在"数据透视表样式选项"组中选中"镶边列"复选框，查看报表效果，如下图所示。

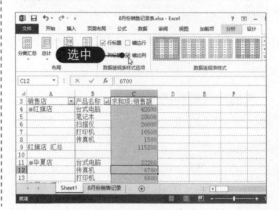

11.6 数据透视表排序

> 创建数据透视表后，可以根据需要对其中的数据进行升序、降序或自定义序列排列，下面将详细介绍如何对数据透视表数据进行排序。

11.6.1 简单排序

对数据透视表数据进行升序或降序排列的方法很简单，只需单击相应的排序按钮即可，具体操作方法如下：

01 **选中单元格** 打开素材文件，选中任一数据单元格，如下图所示。

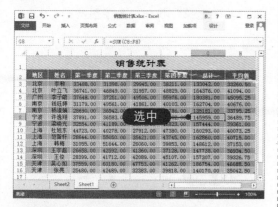

02 **创建数据透视表** 使用前面的方法为此工作表创建数据透视表，如下图所示。

03 **单击"降序"按钮** 选中"求和项：第二季度"列中任一单元格，选择"数据"选项卡，单击"降序"按钮，如下图所示。

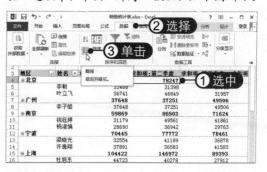

04 **排列数据** 此时该列中的数据将按降序进行排列，如下图所示。

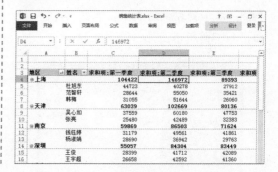

11.6.2 自定义排序条件

用户还可以将数据透视表按照自定义的序列进行排序，此时需要先定义好序列，具体操作方法如下：

01 **单击"选项"按钮** 选择"文件"选项卡，在左侧列表中单击"选项"按钮，如下图所示。

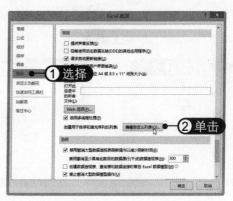

02 **单击"编辑自定义列表"按钮** 弹出对话框，在左窗格中选择"高级"选项，在右窗格的"常规"选项区中单击"编辑自定义列表"按钮，如下图所示。

03 自定义序列 弹出"自定义序列"对话框，输入序列并按【Enter】键分隔，单击"添加"按钮，如下图所示。

04 添加序列 此时即可将自定义序列添加到左侧列表中，单击"确定"按钮，如下图所示。

05 单击"排序"按钮 选中"地区"列中的任意一个单元格,选择"数据"选项卡，然后单击"排序"按钮，如下图所示。

06 单击"其他选项"按钮 弹出对话框，选中"升序排序"单选按钮，单击"其他选项"按钮，如下图所示。

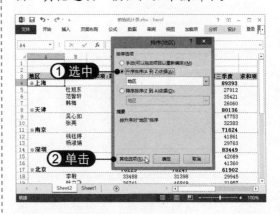

07 设置自定义排序 取消选择"每次更新报表时自动排序"复选框,在"主关键字排序次序"列表中选择自定义序列，依次单击"确定"按钮，如下图所示。

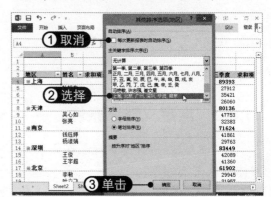

08 进行自定义排序 此时"地区"列的数据即可按自定义序列进行排序，如下图所示。

11.7　字段设置

在数据透视表中，可以根据需要重命名各字段，还可以更改值的汇总方式及数据的显示方式，下面将介绍如何进行字段设置。

11.7.1　更改字段名称

数据透视表中的字段名称是根据工作表自动生成的，可以根据需要更改字段名称，具体操作方法如下：

01 **单击"字段设置"按钮**　在数据透视表中选中"地区"字段单元格，在"分析"选项卡的"活动字段"组中单击"字段设置"按钮，如下图所示。

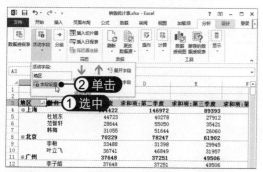

02 **自定义名称**　弹出"字段设置"对话框，在"自定义名称"文本框中输入名称，单击"确定"按钮，如下图所示。

03 **更改字段名称**　此时即可更改字段名称，如下图所示。

04 **输入字段名称**　要修改字段名称，还可以选中字段后直接在"活动字段"文本框中输入新的名称，如下图所示。

11.7.2　更改值的汇总方式

在数据透视表中，默认的值汇总方式为求和，可以根据需要将其更改为平均值、计数、最大/小值或乘积，具体操作方法如下：

01 单击"字段设置"按钮　在数据透视表中选中"求和项：第二季度"字段单元格，在"分析"选项卡下"活动字段"组中单击"字段设置"按钮，如下图所示。

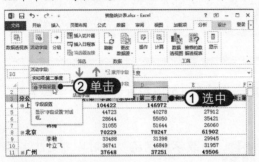

02 选择计算类型　弹出对话框，在"值汇总方式"列表框中选择"平均值"选项，单击"确定"按钮，如下图所示。

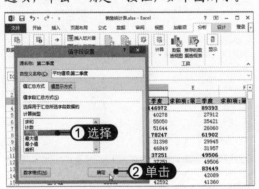

03 更改汇总方式　此时该列中值的汇总方式即更改为"平均值"汇总，如下图所示。

04 选择汇总依据　要更改汇总方式，还可以右击单元格，在弹出的快捷菜单中选择"值汇总依据"命令，选择所需的汇总方式，如下图所示。

11.7.3　以总计百分比显示数据

可以根据需要更改数据透视表的值所使用的计算类型，默认情况下为"无计算"（即在该字段中输入的数值）。可以按"总计的百分比"来显示数据，具体操作方法如下：

01 选择值显示方式　右击总计列中任一单元格，弹出的快捷菜单中选择"值显示方式"|"总计的百分比"命令，如下图所示。

02 以总计百分比显示数据　此时即可以总计的百分比显示该列数据，如下图所示。

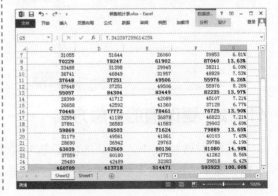

11.7.4 以百分比显示数据

用户可以将字段中值的显示方式更改为选定基本项值的百分比。例如，将各分公司第一季度的销售额与上海分公司第一季度的销售额比较并求百分比，具体操作方法如下：

01 折叠行标签 单击各分公司前的按钮，折叠行标签，如下图所示。

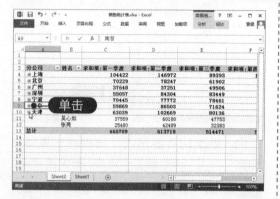

02 选择"百分比"命令 右击第一季度"上海"的总计数据，选择"值显示方式"|"百分比"命令，如下图所示。

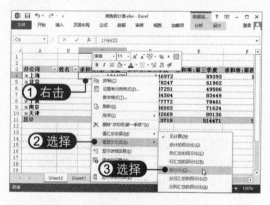

03 设置百分比参数 弹出"值显示方式"对话框，选择"基本字段"为"分公司"，选择"基本项"为"上海"，单击"确定"按钮，如下图所示。

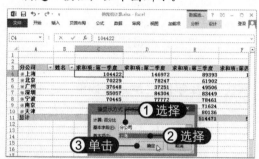

04 查看百分比效果 此时即可将上海第一季度的总计数据作为100%，其他各地区与其对比并求百分比，如下图所示。

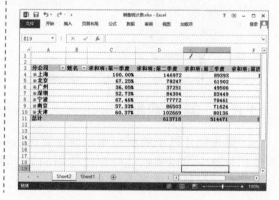

11.8 使用切片器

在数据透视表中可以使用切片器筛选数据。除了筛选数据外，它还可以指示当前的筛选状态，便于用户轻松、准确地了解数据透视表中所显示的内容。

11.8.1 创建切片器

下面将介绍如何创建与数据透视表关联的切片器，具体操作方法如下：

01 单击"插入切片器"按钮　选中数据透视表的任一单元格，在"分析"选项卡下"筛选"组中单击"插入切片器"按钮，如下图所示。

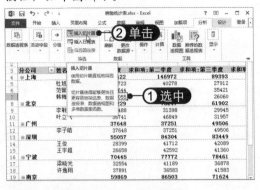

02 选择字段　弹出对话框，选中要为其创建切片器的数据透视表字段的复选框，单击"确定"按钮，如下图所示。

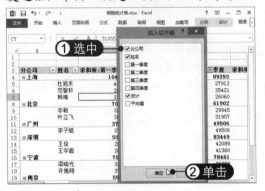

03 选择"置于顶层"命令　此时即可为选中的每个字段创建一个切片器。右击"分公司"切片器，在弹出的快捷菜单中选择"置于顶层"命令，如下图所示。

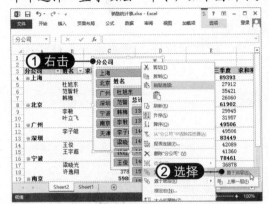

04 更改切片器层次　此时即可将"分公司"切片器置于顶层，如下图所示。

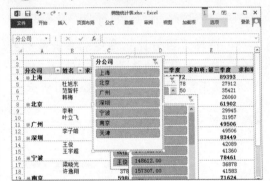

11.8.2　筛选数据

　　单击切片器中的按钮可以快速筛选数据，而无须打开筛选器的下拉列表进行设置。在切片器中可以清晰地标记已应用的筛选器，并提供详细信息，以便能够轻松地了解显示在已筛选的数据透视表中的数据。使用切片器筛选数据的具体操作方法如下：

01 筛选分公司　在"分公司"切片器上单击"上海"按钮，此时即可将上海分公司的数据筛选出来，在其他切片器中同样指示出当前的筛选状态，如下图所示。

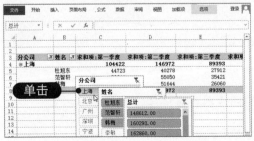

02 筛选姓名　在"姓名"切片器上选择姓名，即可筛选出该姓名的相关数据，如下图所示。

03 增加筛选项目　在切片器中按住【Ctrl】键的同时单击按钮可添加多个筛选项目,如在"分公司"切片器中按住【Ctrl】键的同时单击"北京"按钮,如下图所示。

04 增加筛选姓名　在"姓名"切片器中按住【Ctrl】键的同时单击名字,即可增加筛选项目,如下图所示。

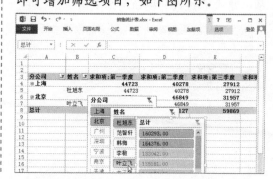

11.8.3　删除切片器

当不再需要某个切片器时可以将其删除,具体操作方法如下:

01 选中切片器　选中要删除的切片器并右击,如下图所示。

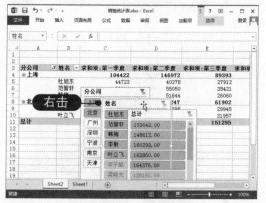

02 选择删除命令　在弹出的快捷菜单中选择删除命令,如下图所示。

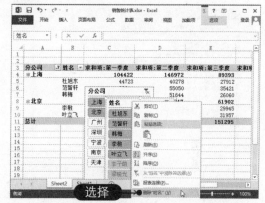

11.8.4　更改切片器样式

在 Excel 2013 中内置了多种切片器样式,用户可以直接应用,也可以根据需要创建新的切片器样式,具体操作方法如下:

01 选择切片器样式　选中切片器,选择"选项"选项卡,单击"快速样式"下拉按钮,在弹出的列表中选择所需的样式,如下图所示。

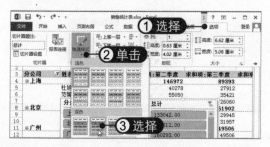

02 选择"新建切片器样式"选项　此时可对切片器应用所选样式,根据需要新建切片器样式,在"快速样式"下拉列表中选择"新建切片器样式"命令,如下图所示。

03 单击"格式"按钮 弹出"新建切片器样式"对话框,选择"页眉"选项,单击"格式"按钮,如下图所示。

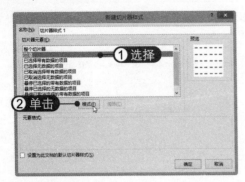

04 设置图案填充 弹出"格式切片器元素"对话框,选择"填充"选项卡,从中设置图案填充,然后单击"确定"按钮,如下图所示。

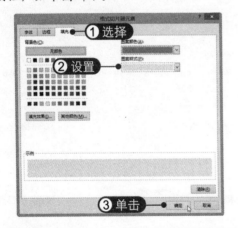

05 单击"格式"按钮 返回"新建切片器样式"对话框,选择"已选择带有数据的项目"元素,然后单击"格式"按钮,如下图所示。

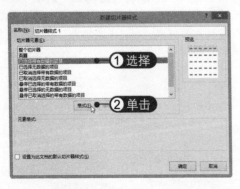

06 选择背景色 弹出对话框,选择"填充"选项卡,从中选择背景色,然后单击"确定"按钮,如下图所示。

07 选择切片样式 选择要应用样式的切片器,单击"快速样式"下拉按钮,在弹出的列表中选择自定义的样式,如下图所示。

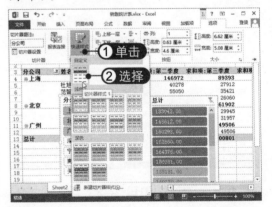

08 应用自定义样式 此时即可为切片器应用自定义的样式,如下图所示。

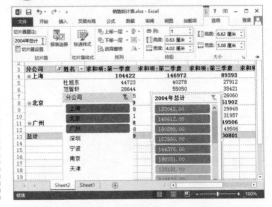

11.9　使用筛选器

在"数据透视表字段"窗格的"筛选器"区域中的字段显示为数据透视表的顶级报表筛选器，下面将介绍数据透视表筛选器的使用方法。

11.9.1　添加筛选器

若要添加筛选器，只需将字段拖至"筛选器"区域中即可，具体操作方法如下：

01 **创建筛选器**　在"数据透视表字段"窗格中将"分公司"字段拖至"筛选器"区域中，即可创建数据透视表筛选器，如下图所示。

02 **设置筛选**　单击"分公司"下拉按钮，在弹出的下拉列表中选中要筛选出的分公司前面的复选框，然后单击"确定"按钮，如下图所示。

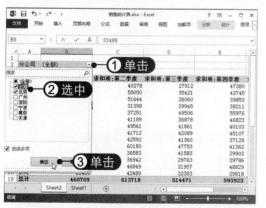

03 **筛选数据**　此时即可对数据透视表进行筛选，如下图所示。

04 **清除筛选**　要清除筛选，可选择"分析"选项卡，在"操作"组中单击"清除"下拉按钮，选择"清除筛选"命令，如下图所示。

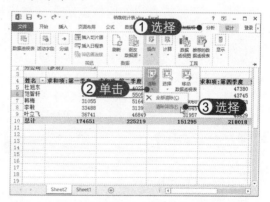

11.9.2　显示报表筛选页

用户可以在单独的工作表上显示报表筛选页面，具体操作方法如下：

01 选择"显示报表筛选页"命令　选中数据透视表中的任一单元格,选择"分析"选项卡,在"数据透视表"组中单击"选项"下拉按钮,选择"显示报表筛选页"命令,如下图所示。

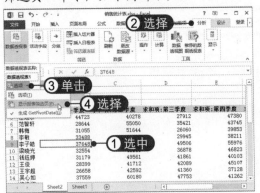

02 选择字段　弹出"显示报表筛选页"对话框,选择要显示的字段,然后单击"确定"按钮,如下图所示。

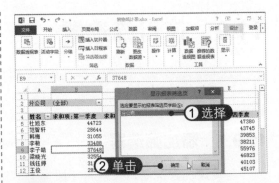

03 查看报表筛选页　此时即可在工作表中显示所选字段的各筛选页,如下图所示。

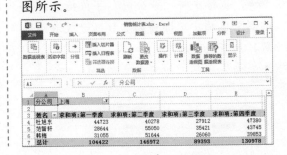

11.10　使用条件格式

使用条件格式可以帮助用户直观地查看和分析数据、发现关键问题以及识别模式和趋势。下面将介绍如何在数据透视表中应用条件格式。

11.10.1　突出显示单元格规则

设置值区域中字段的条件格式范围的方法有三种:按选定内容、按相应字段和按值字段。下面将介绍如何按选定内容突出显示单元格规则,具体操作方法如下:

01 选择"其他规则"命令　在数据透视表中选中包含数字的单元格区域,选择"开始"选项卡,在"样式"组中单击"条件格式"下拉按钮,选择"突出显示单元格规则"|"其他规则"命令,如下图所示。

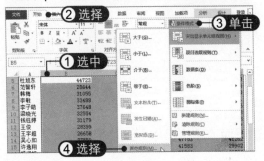

02 定位光标　弹出"新建格式规则"对话框,选择"大于或等于"选项,然后将光标定位到数值文本框中,如下图所示。

03 选择数值 在工作表中选择数值所在的单元格，单击"格式"按钮，如下图所示。

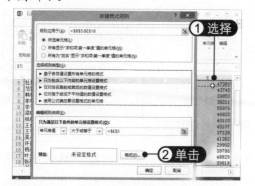

04 单击"填充效果"按钮 弹出对话框，选择"填充"选项卡，单击"填充效果"按钮，如下图所示。

05 设置双色填充 弹出对话框，设置双色填充的颜色、底纹样式及变形参数，依次单击"确定"按钮，如下图所示。

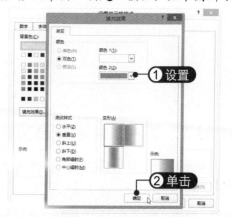

06 应用格式 此时即可为符合条件的单元格应用设置的格式，如下图所示。

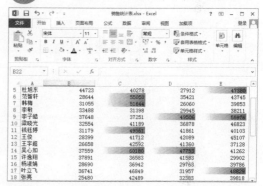

11.10.2 使用项目选取规则

要查找选定区域内的最高（低）值或高于（低于）平均值的数据，可以使用项目选取规则突出这些数据，具体操作方法如下：

01 选择"最后 10%"命令 在数据透视表中选中包含数字的单元格区域，单击"条件格式"下拉按钮，选择"项目选取规则" | "最后10%"命令，如下图所示。

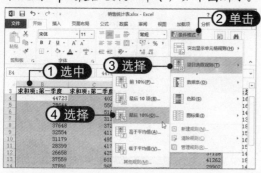

02 设置条件格式 弹出对话框，设置条件格式，此时可以在工作表中预览效果，单击"确定"按钮，如下图所示。

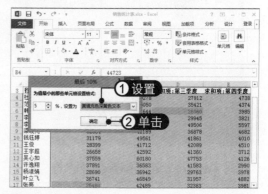

11.11 数据透视图的应用

当数据透视表中的数据非常多或较为复杂时，通过数据透视表很难纵观全局，此时便可以创建数据透视图。就像标准图表一样，数据透视图显示数据系列、类别和图表坐标轴，它还在图表上向用户提供交互式筛选控件，使用户可以快速分析数据子集。

11.11.1 使用现有数据透视表创建数据透视图

如果已拥有数据透视表，则可以基于该数据透视表创建数据透视图，具体操作方法如下：

01 单击"数据透视图"按钮 选中数据透视表的任一单元格，在"分析"选项卡下单击"数据透视图"按钮，如下图所示。

02 选择图表类型 弹出"插入图表"对话框，选择簇状柱形图图表类型，然后单击"确定"按钮，如下图所示。

03 创建数据透视图 此时即可创建数据透视图，它与数据透视表相关联，如下图所示。

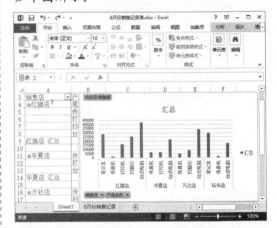

04 应用图表样式 选中数据透视图，在"设计"选项卡下单击"图表样式"下拉按钮，在弹出的下拉列表中选择所需的样式，如下图所示。

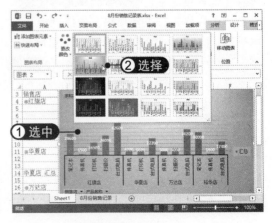

05 **调整字段顺序** 打开"数据透视表字段"窗格，将"产品名称"字段拖至"销售店"字段上方。此时在数据透视图中产品名称转变为主要横坐标轴，如下图所示。

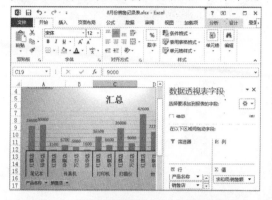

06 **拖动字段** 在"数据透视表字段"窗格中将"产品名称"字段拖至"列"区域中。此时，在数据透视图中产品名称转变为图例项，如下图所示。

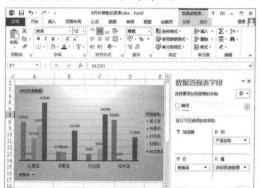

11.11.2 创建全新数据透视图

对于工作表数据，可以创建全新数据透视图，而无须先创建数据透视表。创建全新数据透视图后，Excel 将自动创建一个与其关联的数据透视表，具体操作方法如下：

01 **单击"数据透视图"按钮** 选中工作表中任一数据单元格，选择"插入"选项卡，单击"数据透视图"按钮，如下图所示。

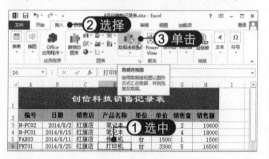

02 **选择表区域** 弹出对话框，程序将自动选择表区域，也可以自定义表区域，单击"确定"按钮，如下图所示。

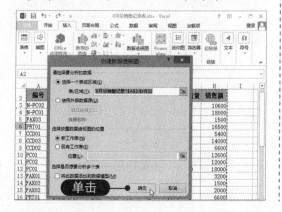

03 **创建数据透视图** 此时可创建空的数据透视表和数据透视图，如下图所示。

04 **添加报表字段** 在"数据透视图字段"窗格中将"产品名称"字段拖至"轴"区域，将"销售店"字段拖至"图例"区域，此时可看到在数据透视图中显示出横坐标轴和图例项，如下图所示。

05 **添加系列** 将"销售额"字段拖至"值"区域中，此时即可生成数据系列，如下图所示。

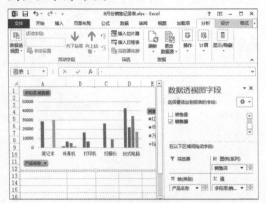

06 **切换行列** 选中数据透视图，在"设计"选项下单击"切换行/列"按钮，即可对分类和图例进行转换，如下图所示。

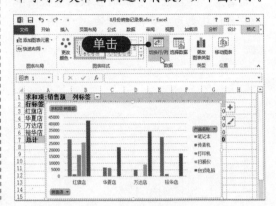

11.11.3 使用数据透视图筛选数据

数据透视图中带有筛选控件，用来筛选数据透视表中的数据，以更改图表显示的数据。使用数据透视图筛选数据的具体操作方法如下：

01 **添加报表字段** 在"数据透视图字段"窗格中添加报表字段，如下图所示。

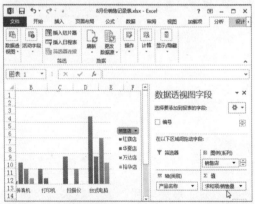

03 **筛选数据** 单击横坐标轴左下方的"产品名称"下拉按钮，在弹出的列表中对产品名称进行筛选，然后单击"确定"按钮，如下图所示。

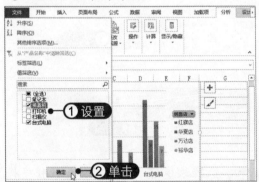

02 **添加数据标签** 单击数据透视图右侧的"图表元素"按钮，在弹出的列表中选中"数据标签"复选框，如下图所示。

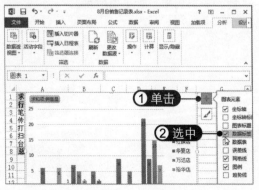

04 **查看图表效果** 此时即可对数据透视表的数据进行筛选，如下图所示。

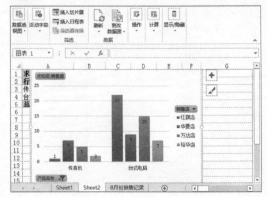

11.11.4 转换为标准图表

删除与数据透视图相关联的数据透视表可以将数据透视图转换为标准图表，这样将无法再透视或者更新该标准图表，具体操作方法如下：

01 **选中整个数据透视表** 选中数据透视表的任一单元格，在"分析"选项卡下"操作"组中单击"选择"下拉按钮，在弹出的下拉列表中选择"整个数据透视表"选项，如下图所示。

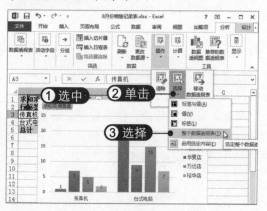

02 **将数据透视图转换为标准图表** 按【Delete】键即可将数据透视表删除，此时数据透视图转换为标准图表，如下图所示。

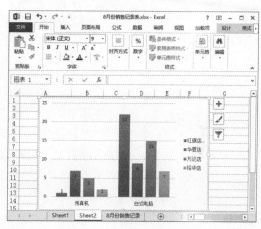

Chapter
12

数据的管理与分析

在 Excel 实际应用中，经常需要对数据进行多种分析与管理，通过使用数据分析功能可以详细地分析工作表中的数据，还能解决遇到的各种数据处理问题。本章将从数据筛选、数据排序、分类汇总等方面介绍 Excel 2013 的数据管理与分析功能。

本章要点

- 对数据进行排序
- 筛选数据
- 数据的分类汇总
- 对数据进行合并计算
- 数据的有效性

知识等级

Excel 高级读者

建议学时

建议学习时间为 120 分钟

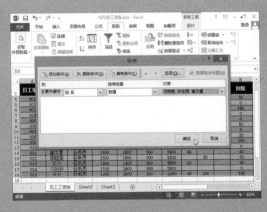

12.1　对数据进行排序

数据的排序是 Excel 2013 最基本的功能之一，在 Excel 2013 中可以对数据表进行简单的升序或降序排序，还可以进行较高级的数据排序，如按多个关键字排序、按单元格颜色或字体颜色排序，以及按自定义序列排序等。

12.1.1　排序规则

Excel 的排序有一定的规则，了解 Excel 的排序规则可以更好地使用排序功能。

1．排序的种类

Excel 的排序主要包括以下几种：
◎ 将名称列表按字母顺序排列。
◎ 按从高到低的顺序排列数字。
◎ 按颜色或图标对行进行排序。
◎ 对一列或多列中的数据按文本、数字及日期和时间进行排序。
◎ 按自定义序列或格式进行排序。

大多数排序操作都是针对列进行的，但也可以针对行进行操作。

2．排序的原则

排序条件随工作簿一起保存，这样当打开工作簿时都会对 Excel 表格重新应用排序。如果希望保存排序条件，以便在打开工作簿时可以定期重新应用排序，最好使用表，这对于多列排序或花费很长时间创建的排序特别重要。

对数据进行排序时，Excel 会遵循以下原则：
◎ 如果按某一列来排序，则该列上完全相同的行将保持它们的原始次序。
◎ 在排序行中有空白单元格的行会被放置在排序数据的最后。
◎ 隐藏行不会进行排序，除非它们是分级显示的一部分。
◎ 排序选项中包含选定的列、顺序和方向等，则在最后一次排序后会被保存下来，直到修改它们或修改选定区域或列标记为止。
◎ 如果按一个以上的列进行排序，主要列中有完全相同项的行会根据指定的第二列进行排序，第二列有完全相同的行会根据指定的第三列进行排序。

3．排序的次序

在按升序排序时，默认情况下 Excel 使用下表中的排序次序；在按降序排序时，则使用相反的次序，见下表。

值	说　明
数字	数字按从最小的负数到最大的正数进行排序
日期	日期按从最早的日期到最晚的日期进行排序

值	说　明
文本	字母数字文本按从左到右的顺序逐字符进行排序
逻辑值	在逻辑值中，FALSE 排在 TRUE 之前
错误值	所有错误值的优先级相同
空格	空格始终排在最后

12.1.2　简单排序

简单排序即对工作表中的数据进行升序或降序排列，具体操作方法如下：

01 **单击"降序"按钮**　打开素材文件，选择"实发工资"单元格，在"数据"选项卡下单击"降序"按钮，即可将该列数据按降序排列，如下图所示。

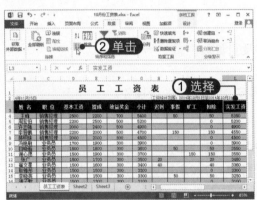

02 **使用筛选按钮排序**　在"数据"选项卡下单击"筛选"按钮，进入数据筛选状态，单击"实发工资"下拉按钮，在弹出的下拉列表中选择"升序"命令，数据即可按升序排列，如下图所示。

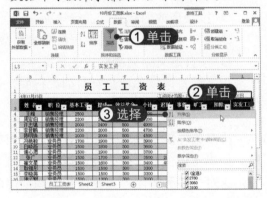

12.1.3　多关键字排序

多关键字排序即在对数据进行升序或降序排列时设置主要和次要关键字，以指定次序同时对多列数据进行排序，具体操作方法如下：

01 **单击"排序"按钮**　选中表格中的任一单元格，在"数据"选项卡下单击"排序"按钮，如下图所示。

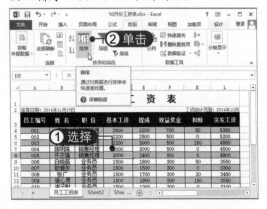

02 **设置主要排序条件**　弹出"排序"对话框，设置"主要关键字"为"基本工资"，"次序"为"降序"，单击"添加条件"按钮，如下图所示。

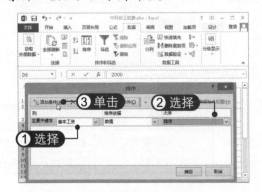

03 设置次要排序条件 设置"次要关键字"为"实发工资","次序"为"降序",单击"确定"按钮,如下图所示。

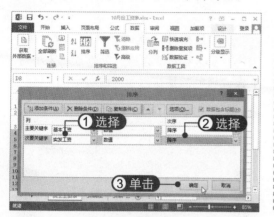

04 完成排序 查看排序结果,可以看到在对"基本工资"进行降序排序的基础上又对"实发工资"进行了降序排序,如下图所示。

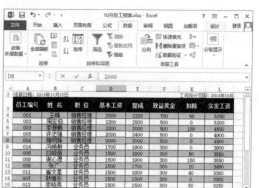

12.1.4 更改排序依据

默认情况下,对数据排序的依据为"数值",还可以更改排序依据,按单元格颜色或字体颜色进行排序,具体操作方法如下:

01 设置字体颜色 根据需要设置姓名为"李伟"、"冯艳敏"、"许光"的字体颜色,如下图所示。

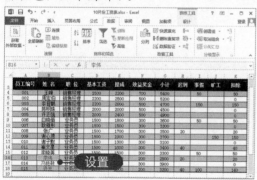

03 选择次序 在"次序"列中单击下拉按钮,选择要设置在"顶端"的字体颜色,单击"确定"按钮,如下图所示。

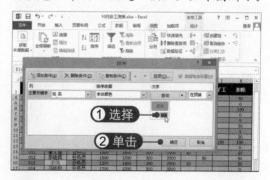

02 选择排序依据 单击"排序"按钮,弹出"排序"对话框,选择"主要关键字"为"姓名",选择"排序依据"为"字体颜色",如下图所示。

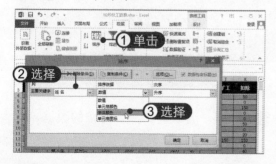

04 完成排序 此时即可以"字体颜色"为排序依据对表格进行排序,如下图所示。

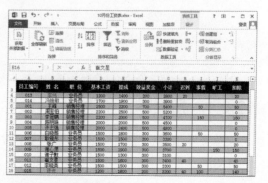

12.1.5 自定义序列排序

为了满足用户多方面的排序需求，Excel 2013 允许用户自定义排序序列，具体操作方法如下：

01 **选择"自定义序列"选项** 打开"排序"对话框，选择"主要关键字"为"姓名"，在"次序"下拉列表中选择"自定义序列"选项，如下图所示。

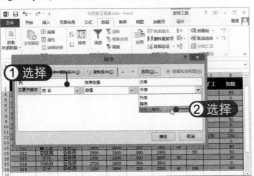

02 **输入序列** 弹出"自定义序列"对话框，输入序列并按【Enter】键分隔序列，单击"确定"按钮，如下图所示。

03 **确定排序** 返回"排序"对话框，可以看到"次序"变为自定义序列，单击"确定"按钮，如下图所示。

04 **完成排序** 此时表格即可按自定义序列进行排序，如下图所示。

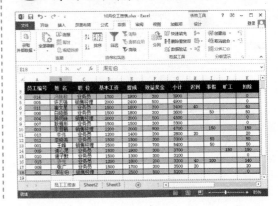

12.2　筛选数据

> 数据筛选的功能实际上就是将数据表中满足一定筛选条件的数据挑选出来，使用户更加清晰地查看所需的数据。在 Excel 2013 中可使用的筛选方法通常有"自动筛选"和"高级筛选"两种。

12.2.1 按文本值筛选

按文本值筛选是在筛选列表中选中要保留的数据，而取消选择要隐藏的数据，它是自动筛选的一种，具体操作方法如下：

01 单击"筛选"按钮 打开素材文件，选择表格中的任一单元格，在"数据"选项卡下单击"筛选"按钮，此时即可进入数据筛选状态，如下图所示。

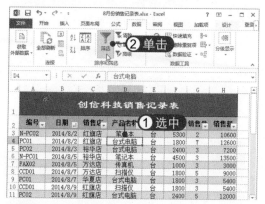

02 筛选销售店 单击"销售店"下拉按钮，在弹出的列表中只选中"红旗店"复选框，单击"确定"按钮，如下图所示。

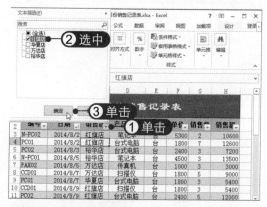

03 查看筛选结果 此时即可对"销售店"进行筛选，只保留"红旗店"的数据，而隐藏其他数据，如下图所示。

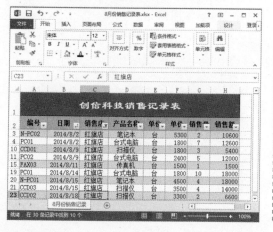

04 筛选产品名称 单击"产品名称"下拉按钮，在弹出的列表中只选中"台式电脑"复选框，单击"确定"按钮，如下图所示。

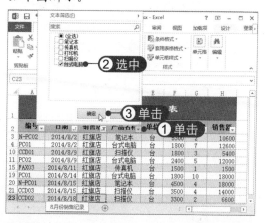

05 查看筛选结果 此时，即可在对"销售店"进行筛选的基础上再对"产品名称"进行筛选，如下图所示。

06 取消筛选 要取消筛选，可单击相应的字段下拉按钮，在弹出的下拉列表中选择清除筛选命令即可，如下图所示。

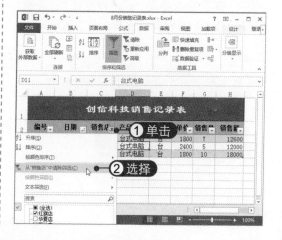

12.2.2 按数字筛选

按数字筛选即创建一个数字筛选条件，只保留符合条件的数据，具体操作方法如下：

01 **选择筛选条件** 单击"销售额"下拉按钮，在弹出的列表中选择"数字筛选"|"前 10 项"命令，如下图所示。

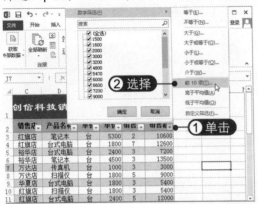

02 **设置筛选条件** 弹出"自动筛选前 10 个"对话框，设置显示"最大 6 项"，单击"确定"按钮，如下图所示。

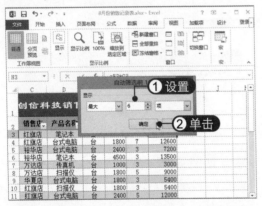

03 **查看筛选结果** 此时即可将"销售额"最大的 6 项筛选出来，如下图所示。

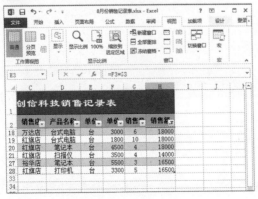

04 **选择筛选条件** 单击"销售额"下拉按钮，选择"数字筛选"|"大于或等于"命令，如下图所示。

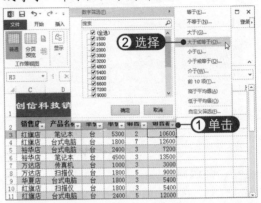

05 **设置筛选条件** 弹出对话框，设置"销售额大于或等于 9000"，单击"确定"按钮，如下图所示。

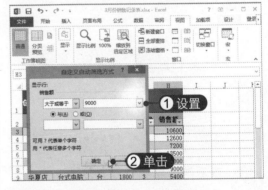

06 **查看筛选结果** 查看筛选结果，在状态栏中提示"在 30 条记录中找到 12 个"，如下图所示。

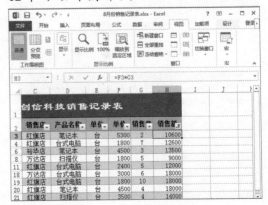

07 选择筛选条件　单击"销售额"下拉按钮，在弹出的下拉列表中选择"低于平均值"命令，如下图所示。

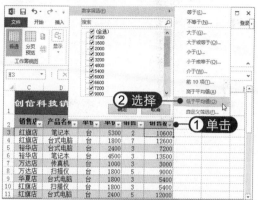

08 查看筛选结果　此时即可将低于平均销售额的记录筛选出来，如下图所示。

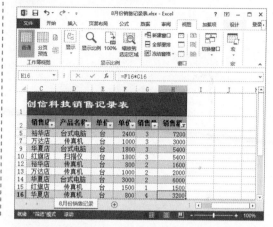

12.2.3　高级筛选

当筛选条件较为复杂而无法使用自动筛选功能，或者要将筛选结果显示在工作表的其他位置时，则需要使用 Excel 中的高级筛选功能，具体操作方法如下：

01 输入筛选条件　在空白单元格中输入筛选字段，选择"销售店"下方的单元格，在编辑栏中输入筛选条件"="=红旗店""，如下图所示。

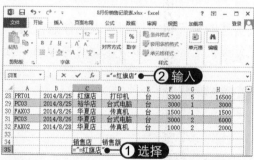

02 单击"高级"按钮　继续输入"销售店"和"销售额"的筛选条件，选择表格中的任一单元格，在"排序和筛选"组中单击"高级"按钮，如下图所示。

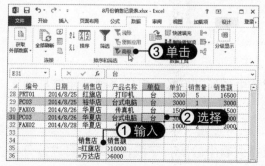

03 设置将筛选结果复制到其他位置　弹出对话框,程序自动将表格数据填充到"列表区域",选中"将筛选结果复制到其他位置"单选按钮,如下图所示。

04 选择条件区域　将光标定位到"条件区域"文本框中，在工作表中选择条件区域所在的单元格区域，如下图所示。

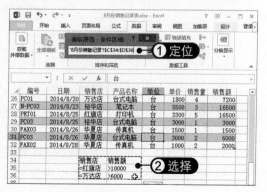

05 选择位置 用同样的方法选择"复制到"单元格区域,单击"确定"按钮,如下图所示。

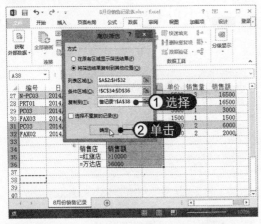

06 查看筛选结果 此时即可按筛选条件筛选出符合的记录,结果如下图所示。

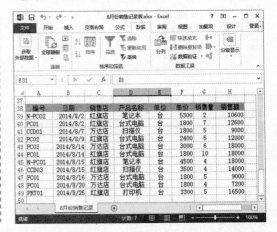

12.3 数据的分类汇总

所谓分类汇总,就是对数据按分类项目进行求和、计数或者其他方式的汇总。使用分类汇总功能可以把相关数据汇总并显示出来。

12.3.1 认识分类汇总

如果自动在列表中创建分类汇总公式,只需移动单元格指针到列表的任意位置,单击"数据"选项卡下"分级显示"组中的"分类汇总"按钮即可,此时将弹出"分类汇总"对话框,如下图所示。

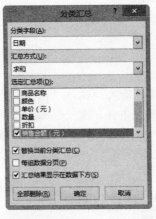

在"分类汇总"对话框中,包含的选项如下:

◎ **分类字段**:该下拉列表框显示数据列表中的所有字段,用户必须运用选择的字段对数据列表进行排序。

◎ **汇总方式**:从 11 个函数中做出选择,通常使用"求和"函数。

◎ **选定汇总项**:这个列表框中显示了数据列表中的所有字段,选中想要进行分类汇总字段前面的复选框。

◎ **替换当前分类汇总：** 如果此复选框被选中，Excel 会移走任何已存在的分类汇总公式，用新的分类汇总进行替换。

◎ **每组数据分布：** 如果选中此复选框，Excel 在每组数据分类汇总之后自动插入分布符。

◎ **汇总结果显示在数据下方：** 如果此复选框被选中，Excel 将会把分类汇总放置在数据下方，否则分类汇总公式将出现在汇总上方。

◎ **全部删除：** 单击此按钮，将删除数据列表中的所有分类汇总公式。

如果将工作簿设置为自动计算公式，则在编辑明细数据时"分类汇总"命令将自动重新计算分类汇总和总计值。"分类汇总"命令还会分级显示列表，以便用户可以显示和隐藏每个分类汇总的明细行。

12.3.2 简单分类汇总

通过使用"分类汇总"命令可以实现数据的分类汇总，在分类汇总前需要对要汇总的数据进行排序，具体操作方法如下：

01 排序数据 打开文件，选择"销售店"单元格，在"数据"选项卡下单击"升序"按钮对销售店进行升序排序，如下图所示。

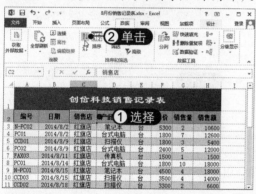

02 转换表格为普通区域 选择"设计"选项卡，在"工具"组中单击"转换为区域"按钮，如下图所示。

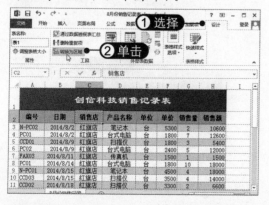

03 确定转换 弹出提示信息框，单击"是"按钮，即可将表格转换为普通区域，如下图所示。

04 单击"分类汇总"按钮 选择"数据"选项卡，在"分级显示"组中单击"分类汇总"按钮，如下图所示。

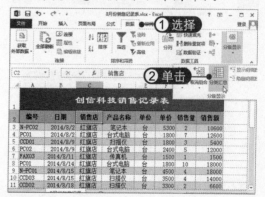

05 设置分类汇总参数 弹出对话框，选择"分类字段"为"销售店"，选择"汇总方式"为"求和"，选择"销售额"汇总项，单击"确定"按钮，如下图所示。

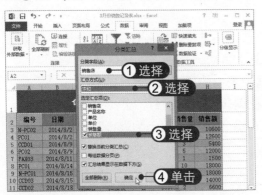

06 查看分类汇总效果 此时可根据销售店对销售额求和汇总，如下图所示。

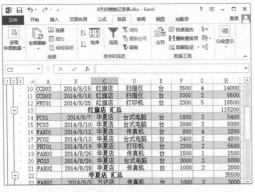

07 单击分级按钮 单击左侧的按钮，查看二级汇总项目，如下图所示。

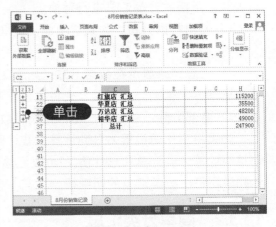

08 展开分级 单击分级按钮可展开相应的三级列表，如下图所示。

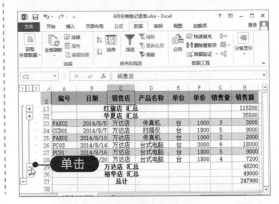

12.3.3 删除分类汇总

要将分类汇总数据转换为普通的数据表格，可删除分类汇总，具体操作方法如下：

01 选择单元格 选择分类汇总表格中的任意单元格，如下图所示。

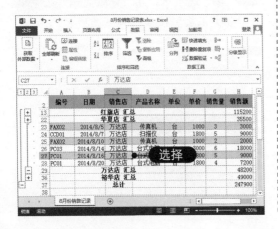

02 单击"分类汇总"按钮 在"分级显示"组中单击"分类汇总"按钮，如下图所示。

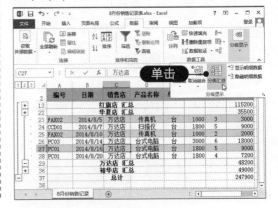

03 单击"全部删除"按钮 弹出"分类汇总"对话框，单击"全部删除"
按钮，如下图所示。

04 删除分类汇总 此时即可恢复到原来的表格数据，如下图所示。

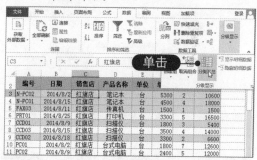

12.3.4 嵌套分类汇总

嵌套分类汇总即在当前分类汇总的基础上进一步进行分类汇总，在嵌套分类汇总前需要对相关数据进行排序。嵌套分类汇总的具体操作方法如下：

01 单击"排序"按钮 选择任一数据
单元格，在"数据"选项卡下单击
"排序"按钮，如下图所示。

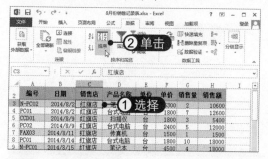

02 设置排序条件 弹出"排序"对话
框，设置"主要关键字"为"销售店"
并进行"升序"排序，设置"次要关键字"
为"产品名称"并进行"升序"排序，单
击"确定"按钮，如下图所示。

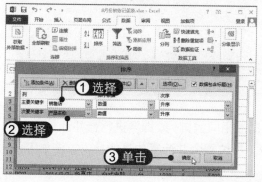

03 单击"分类汇总"按钮 查看排序
结果，在对"销售店"进行升序排序
的基础上对"产品名称"进行了升序排序。
在"分级显示"组中单击"分类汇总"按
钮，如下图所示。

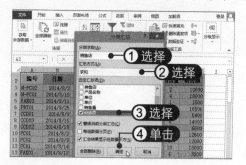

04 设置分类汇总参数 弹出对话框，
选择"分类字段"为"销售店"，选
择"汇总方式"为"求和"，选择"销售额"
汇总项，单击"确定"按钮，如下图所示。

05 单击"分类汇总"按钮 此时即可对数据进行分类汇总，在"分级工具"组中单击"分类汇总"按钮，如下图所示。

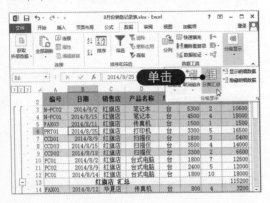

06 设置嵌套分类汇总 选择"分类字段"为"产品名称"，选择"汇总方式"为"求和"，选择"销售量"和"销售额"汇总项，取消选择"替换当前分类汇总"复选框，单击"确定"按钮，如下图所示。

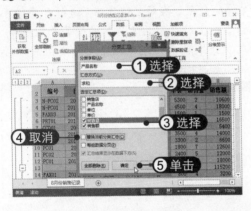

07 查看嵌套分类汇总 此时即可进行嵌套分类汇总，在原汇总的基础上对"产品名称"进行了"销售量"和"销售额"的汇总，如下图所示。

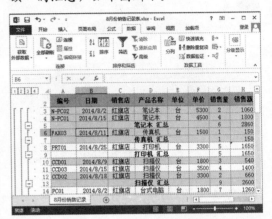

08 分级显示汇总 单击分级按钮，查看三级汇总结果，如下图所示。

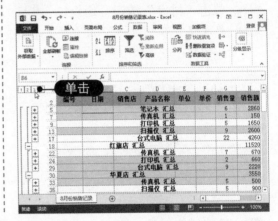

12.4 对数据进行合并计算

在 Excel 2013 中可以将多个工作表中的数据同时进行计算汇总。在计算过程中保存计算结果的工作表称为目标工作表，接受合并数据的区域称为源区域。合并计算分为按位置合并计算和按分类合并计算两种，用户可以利用合并计算功能快速处理数据。

12.4.1 按位置合并计算

按位置合并计算，要求所有源区域中的数据被相同的排列，即要进行合并计算的工作表中每条记录名称和字段名称都在相同的位置。按位置合并计算的具体操作方法如下：

01 单击"合并计算"按钮 打开文件，选择 B3 单元格，在"数据"选项卡下单击"合并计算"按钮，如下图所示。

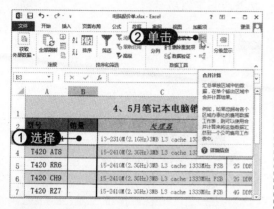

02 选择函数 弹出"合并计算"对话框，选择"求和"函数，将光标定位到"引用位置"文本框中，如下图所示。

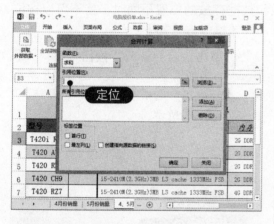

03 选择引用位置 选择"4月份销量"工作表，选择 B3:B7 单元格区域，如下图所示。

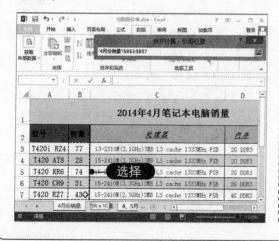

04 添加引用位置 返回"合并计算"对话框，单击"添加"按钮，将引用位置添加到列表框中，如下图所示。

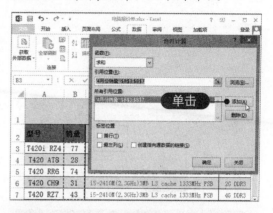

05 继续添加引用位置 用同样的方法添加"5月份销量"工作表中的引用位置，选中"创建指向源数据的链接"复选框，单击"确定"按钮，如下图所示。

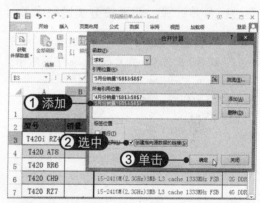

06 查看合并计算效果 此时即可将两个工作表的销量之和填充到目标位置，如下图所示。

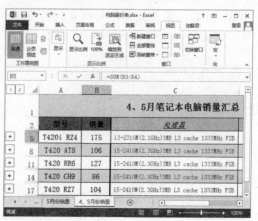

07 **改变销量** 选择"5 月份销量"工作表，更改销量数据，如下图所示。

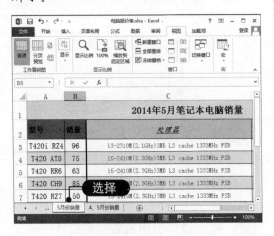

08 **查看引用** 切换到"4、5月份销量"工作表，可看到销量数据随之更改。单击分级按钮可展开分组，查看销量引用数据，如下图所示。

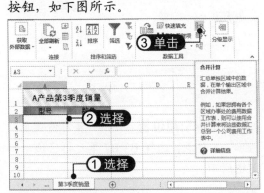

12.4.2 按分类合并计算

当工作表中每个字段名称相同，而字段和数据存放的位置不同时，就不可以按位置进行合并计算，而要按分类进行合并计算，具体操作方法如下：

01 **查看工作表** 打开文件，选择"7月份销量"工作表，查看数据，如下图所示。

02 **对比工作表** 选择"8月份销量"工作表，查看数据，可以看到其与"7月份销量"型号和顺序均不同。

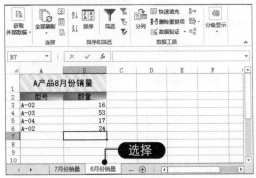

03 **单击"合并计算"按钮** 选择"第3季度销量"工作表，选择 A3 单元格，在"数据"选项卡下单击"合并计算"按钮，如下图所示。

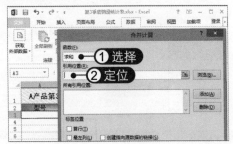

04 **选择函数** 弹出"合并计算"对话框，选择"求和"函数，将光标定位到"引用位置"文本框中，如下图所示。

05 **选择引用位置** 选择"7月份销量"工作表，选择 A3:B6 单元格区域，如下图所示。

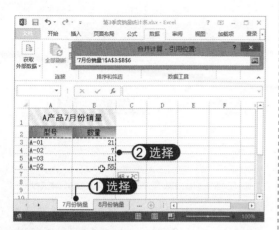

06 **添加引用位置** 返回"合并计算"对话框，单击"添加"按钮，将引用单元格添加到列表框中，如下图所示。

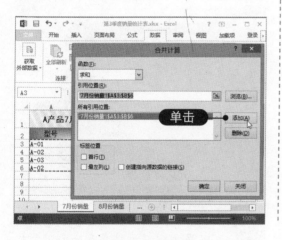

07 **设置标签位置** 用同样的方法添加"8月份销量"和"9月份销量"工作表的引用位置，选中"创建指向源数据的链接"和"最左列"复选框，单击"确定"按钮，如下图所示。

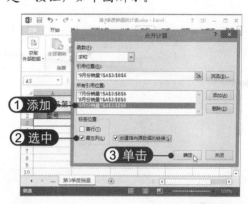

08 **查看合并计算效果** 查看合并计算结果，将相同型号的产品销量进行求和汇总，如下图所示。

12.5 数据的有效性

数据有效性是一种 Excel 功能，用于定义可以在单元格中输入或应该在单元格中输入哪些数据，用户可以通过设置数据有效性来防止用户输入无效数据。

12.5.1 设置数据有效性

设置数据有效性可以控制用户输入到单元格的数据或值的类型，具体操作方法如下：

01 选择"数据验证"命令 打开素材文件，选择 D3:D12 单元格区域，在"数据"选项卡下单击"数据验证"下拉按钮，选择"数据验证"命令，如下图所示。

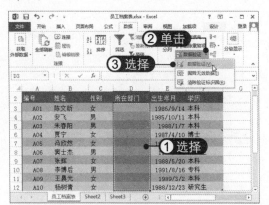

02 选择"序列"选项 弹出"数据验证"对话框，在"设置"选项卡下选择"序列"选项，如下图所示。

03 输入序列 在"来源"文本框中输入序列文字，并以半角的逗号"，"隔开，如下图所示。

04 设置输入信息 选择"输入信息"选项卡，在"输入信息"文本框中输入提示信息，如下图所示。

05 设置出错警告 选择"出错警告"选项卡，输入"标题"和"错误信息"内容，然后单击"确定"按钮，如下图所示。

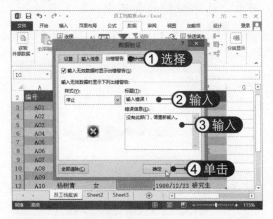

06 查看输入信息 选择 D3 单元格，可以显示出提示信息和一个下拉按钮，如下图所示。

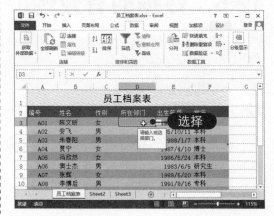

07 **选择序列内容** 单击下拉按钮，在弹出的列表中可以选择所需序列内容，如下图所示。

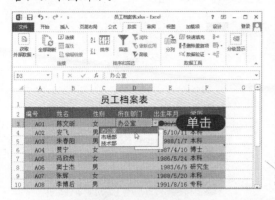

08 **查看出错警告信息** 也可直接在单元格中输入部门信息，当输入非指定序列信息时将弹出错误提示，如下图所示。

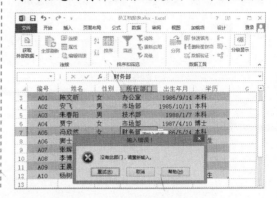

12.5.2 圈释错误信息

对于有数据的单元格，也可以设置其数据有效性并将其中无效的数据圈出来，具体操作方法如下：

01 **单击"数据验证"按钮** 选择E3:E10单元格区域，在"数据"选项卡下单击"数据验证"按钮，如下图所示。

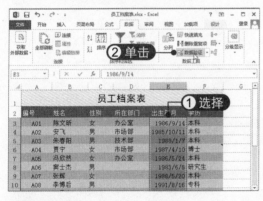

02 **设置验证条件** 弹出"数据验证"对话框，设置"日期"验证条件，单击"确定"按钮，如下图所示。

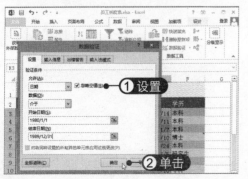

03 **查看错误信息** 此时在不符合验证条件的单元格中出现错误的信息标记。单击错误信息按钮，在弹出的列表中选择"显示类型信息"选项，如下图所示。

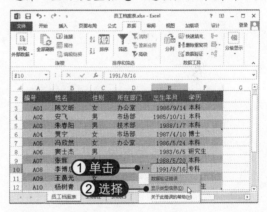

04 **显示限制信息** 弹出提示信息框，显示该单元格的限制内容，如下图所示。

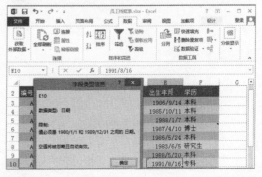

05 设置圈释无效数据 单击"数据验证"下拉按钮，在弹出的下拉列表中选择"圈释无效数据"命令，如下图所示。

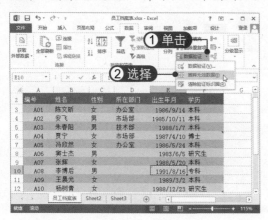

06 圈释无效数据 此时无效的数据将被自动圈起来，更改这些单元格中的数据即可，如下图所示。

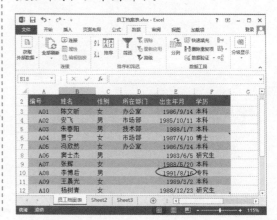

Chapter

13

宏与 VBA 应用

宏是一种动作录像器，主要用于需要重复操作的情况，是一种批处理工具，可以提高工作效率。VBA 是 Office 办公软件的二次开发工具，使用 VBA 几乎可以完成各种高效率、个性化的功能。本章将对在 Excel 中使用宏和 VBA 进行简要介绍。

本章要点

- 宏与安全设置
- 宏的录制与执行
- 宏的其他操作
- 认识 VBA
- 认识 VBA 开发环境
- VBA 语法基础

知识等级

Excel 高级读者

建议学时

建议学习时间为 180 分钟

13.1 宏与安全设置

宏是可用于自动执行某一重复任务的一系列命令，可以帮助用户快速执行重复的一系列动作。但使用宏同样会带来潜在的安全风险，若宏中含有潜在的危险代码，则会对电脑中的数据造成损坏。下面将介绍如何设置宏的安全性及打开包含宏的文件。

13.1.1 认识宏

宏可自动执行经常使用的任务，从而节省键击和鼠标操作的时间。通俗地讲，宏就像一个录像机，把某一些操作记录下来。当再次需要进行类似操作时可以直接播放该宏，它就会完成这一连串的操作，从而实现类似自动化操作的效果。

宏多数是由 VBA 开发的，这需要专门的程序知识。但录制宏并不需要 VBA 语法知识，只需要可视窗口中的鼠标和键盘操作。

在创建宏之后，可以将宏分配给对象（如按钮、图形、控件、快捷键等），这样执行宏就像单击按钮或按快捷键一样简单。因此，使用宏可以方便地扩展 Excel 的功能。如果不再需要使用宏，还可以将其删除。

13.1.2 更改宏的安全设置

若要设置宏的安全性，可以按照以下方法进行操作：

01 **单击"信任中心设置"按钮** 在"文件"选项卡下单击"选项"按钮，弹出"Excel 选项"对话框，在左窗格中选择"信任中心"选项，在右窗格中单击"信任中心设置"按钮，如下图所示。

02 **设置宏安全性** 弹出"信任中心"对话框，在左窗格中选择"宏设置"选项，在右窗格中选中"禁用所有宏并发出通知"单选按钮，然后单击"确定"按钮，如下图所示。

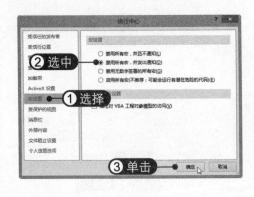

在"宏设置"中有 4 个选项，其作用分别如下：

◎ **禁用所有宏，并且不通知**：如果不信任宏，使用此设置。文档中的所有宏以及有关宏的安全警报都被禁用。如果文档具有信任的未签名的宏，可以将这些文档放在受信任的位置。受信任位置中的文档可以直接运行，不会由信任中心安全系统进行检查。

◎ **禁用所有宏，并发出通知：**这是默认设置。如果想禁用宏，但又希望在存在宏的时候收到安全警报，则应使用此选项，这样可以根据具体情况选择何时启用这些宏。

◎ **禁用无数字签署的所有宏：**此设置与"禁用所有宏，并发出通知"选项相同，但在宏已由受信任的发行者进行了数字签名时，如果信任发行者，则可以运行宏；如果还不信任发行者，将收到通知，这样可以选择启用那些签名的宏或信任发行者。所有未签名的宏都被禁用，且不发出通知。

◎ **启用所有宏（不推荐：可能会运行有潜在危险的代码）：**可以暂时使用此设置，以便允许运行所有宏。因为此设置会使电脑容易受到可能是恶意代码的攻击，所以不建议永久使用此设置。

13.1.3 打开包含宏的工作簿

运行他人开发的宏具有一定的风险，宏本身可能成为病毒制造源，因此只有在用户启用的情况下才能运行宏命令。下面将介绍如何打开包含宏的工作簿，方法如下：

01 **单击"启用内容"按钮** 打开文件，此时在功能区下方将显示"安全警告"信息栏，单击"启用内容"按钮即可启用工作簿中的宏，如下图所示。

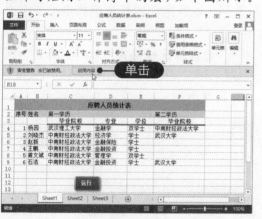

02 **选择"启用所有内容"命令** 也可选择"文件"选项卡，在"信息"选项中单击"启用内容"下拉按钮，选择"启用所有内容"命令，如下图所示。

13.2 宏的录制与执行

在 Excel 中可以使用宏录制器快速记录宏中的步骤，还可以使用 Visual Basic 编辑器。宏录制完成后，Excel 提供了多种运行宏的方法，如使用"执行"命令、使用快捷键及单击指定宏的图形或控件。下面将详细介绍宏的录制与执行。

13.2.1 显示"开发工具"选项卡

"宏"命令在"开发工具"选项卡中，但在 Excel 2013 的默认环境中"开发工具"选项卡并没有显示在功能区中，需要对其进行添加，具体操作方法如下：

01 选中"开发工具"复选框 打开 "Excel 选项"对话框，在左侧选择 "自定义功能区"选项，在右侧"自定义 功能区"中选中"开发工具"复选框，单 击"确定"按钮，如下图所示。

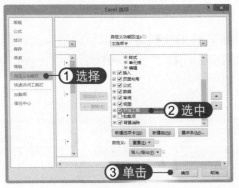

02 查看设置效果 此时即可在 Excel 2013 窗口的功能区中看到"开发工 具"选项卡，如下图所示。

13.2.2 创建宏

在 Excel 中可以通过"录制宏"来创建宏。在录制宏时，宏录制器会记录需要宏来执行的完成操作的必需步骤。这些步骤包括键入文本或数字，单击单元格或功能区或菜单上的命令，格式设置，选择单元格、行或列，以及拖动鼠标来选择电子表格上的单元格。创建宏的具体操作方法如下：

01 单击"录制宏"按钮 选中要进行 格式设置的单元格，选择"开发工具" 选项卡，在"代码"组中单击"录制宏" 按钮，如下图所示。

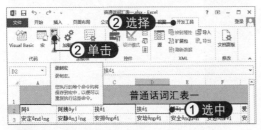

02 设置录制宏参数 弹出"录制宏" 对话框，输入宏名，在"快捷键"文 本框输入字符设定快捷键，输入所需说明信 息，单击"确定"按钮，如下图所示。

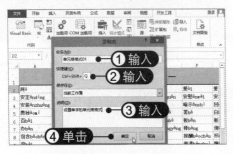

03 设置单元格格式 选择"开始"选 项卡，从中对单元格格式进行设置， 如下图所示。

04 单击"停止录制"按钮 选择"开 发工具"选项卡，在"代码"组中单 击"停止录制"按钮，如下图所示。

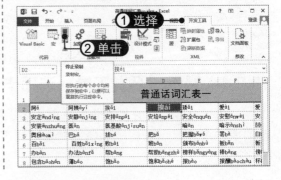

13.2.3 使用"宏"对话框执行宏

成功创建宏后，可以使用"执行"命令来执行宏，具体操作方法如下：

01 单击"宏"按钮 选中要应用宏的单元格，在"开发工具"选项卡下单击"宏"按钮，如下图所示。

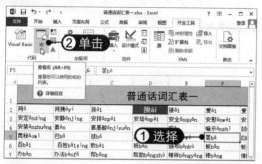

02 单击"执行"按钮 弹出"宏"对话框，选择要执行的宏，单击"执行"按钮，如下图所示。

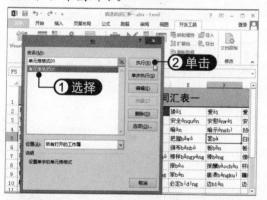

03 查看执行宏效果 此时即可执行宏，可以看到所选单元格应用了格式，如下图所示。

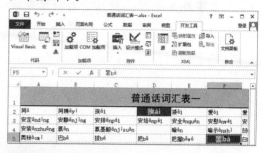

04 单步执行宏 在"宏"对话框中单击"单步执行"按钮，打开 Visual Basic 编辑窗口，按【F5】键可单步执行宏操作，如下图所示。

13.2.4 使用快捷键执行宏

使用设置的快捷键可以快速执行宏，具体操作方法如下：

01 选择单元格 按住【Ctrl】键同时选择要执行宏的多个单元格，如下图所示。

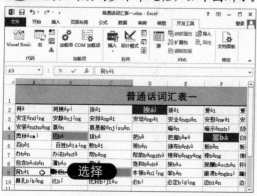

02 按快捷键执行宏 按设定的快捷键（如按【Ctrl+Shift+Q】组合键），即可执行宏，如下图所示。

13.2.5　指定宏

创建宏后，可以将宏分配给工作表某一对象，如图片、图形或控件，然后通过单击这些对象运行该宏。指定宏的具体操作方法如下：

01 **插入形状**　在工作表中插入矩形形状并输入文字，然后对其应用形状样式。

02 **选择"指定宏"命令**　右击形状，在弹出的快捷菜单中选择"指定宏"命令，如下图所示。

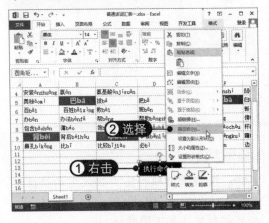

03 **指定宏**　弹出"指定宏"对话框，选择宏名，单击"确定"按钮，如下图所示。

04 **执行宏**　选择单元格，单击形状即可执行宏，选定的单元格应用了宏中所包含的设置，如下图所示。

13.3　宏的其他操作

创建宏后，还可以对其进行多种编辑，如删除宏、更改快捷键、编辑宏代码以及加载宏，下面将对这些内容进行详细介绍。

13.3.1　删除宏

若录制的宏中含有错误的操作或不再需要某个宏时，可以将其从工作簿中删除。删除宏的具体操作方法如下：

01 **单击"宏"按钮**　选择"开发工具"选项卡，在"代码"组中单击"宏"按钮，如下图所示。

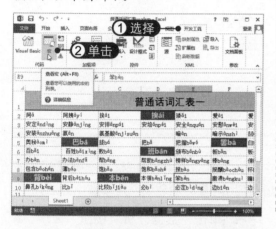

02 **删除宏**　弹出"宏"对话框，选择要删除的宏，然后单击"删除"按钮，如下图所示。

13.3.2　更改执行宏的快捷键

若执行宏的快捷键与程序中特定的快捷键产生冲突，可以根据需要更改该快捷键，具体操作方法如下：

01 **单击"选项"按钮**　打开"宏"对话框，在列表中选择宏，单击"选项"按钮，如下图所示。

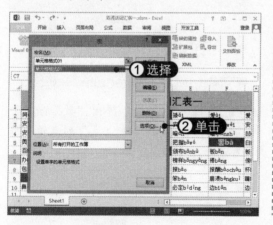

02 **更改快捷键**　弹出"宏选项"对话框，从中更改快捷键，然后单击"确定"按钮，如下图所示。

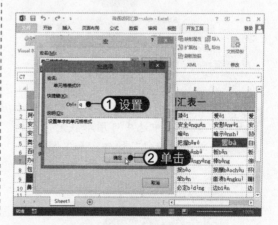

13.3.3　编辑宏

在创建宏之后，可以在 Visual Basic 编辑器中进行编辑和调试，以适应要求，具体操作方法如下：

01 单击"选项"按钮 打开"宏"对话框，在列表中选择宏，单击"编辑"按钮，如下图所示。

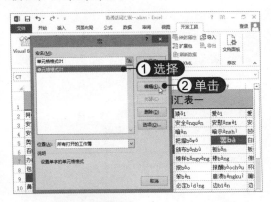

02 编辑宏 此时将打开 Visual Basic 编辑窗口，从中编辑宏代码即可，如下图所示。

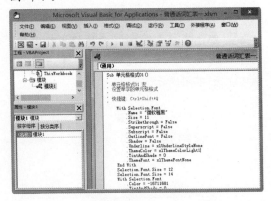

13.3.4 加载宏

加载项是 Microsoft Excel 的功能之一，它提供了附加功能和命令。有些加载项内置在 Excel 中，有些则需要安装。下面将介绍如何使用内置的加载项，具体操作方法如下：

01 单击"加载项"按钮 选择"开发工具"选项卡，单击"加载项"按钮，如下图所示。

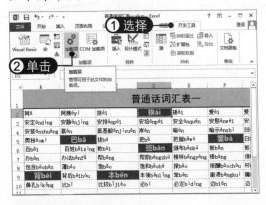

02 选中加载宏 弹出"加载宏"对话框，在列表中选中可用加载宏前面的复选框，单击"确定"按钮，如下图所示。

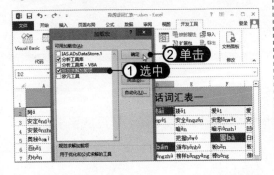

03 单击"数据分析"按钮 选择"数据"选项卡，可以看到新增了"分析"组，其中包含了加载宏相应的按钮，在此单击"数据分析"按钮，如下图所示。

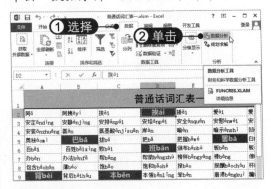

04 选择分析工具 弹出"数据分析"对话框，从"分析工具"列表框中可以选择所需的工具，如下图所示。

13.4 认识 VBA

VBA 是一种自动化语言，通过使用这种语言可以使 Excel 自动化工作，从而提高工作效率。下面将对 VBA 进行初步介绍。

13.4.1 VBA 简介

VBA 是 Visual Basic For Application 的缩写，是微软开发出来在其桌面应用程序中执行通用的自动化（OLE）任务的编辑语言。应用程序自动化，是指通过编写程序让常规应用程序自动完成工作，如在 Excel 中自动设置单元格的格式、多张工作表之间自动计算等。

编译 VBA 语言的工具为 VBE，它是集成在 Office 中的 VBA 语言编辑器，通过此工具可以对 VBA 代码进行编辑及编译。

VBA 具有以下优点：

◎ 使重复的任务自动化，如数据项的批量运算。

◎ 自定义 Excel 工具栏、菜单和界面，以方便不同的用户使用。

◎ 简化模板的使用，使 Excel 初级用户更快地掌握工作所需的功能。

◎ 自定义 Excel，使其成为开发平台。虽然 Excel 提供各种强大的功能，但由于行业差异，Excel 自带的模板很难满足所有用户的需求。

◎ 创建报表。Excel 虽然自带各种报表向导，但由于要求不同，用户往往需要自己创建特定报表。

◎对数据进行复杂的操作和分析。由于企业的信息化管理，更多企业需要借助现有的数据来帮助公司运作。而采集的数据都是原始数据，必须经过复杂的分析，才能真正帮助管理者进行决策。

13.4.2 VBA 与 VB 的关系

VBA 是 Visual Basic 的一个子集，VBA 不同于 VB，主要区别如下：

◎ **设计目的不一样**：VB 用于创建应用程序，而 VBA 是使已有的应用程序自动化。

◎ **开发环境不同**：VBA 要求有一个宿主应用程序才能运行，而且不能用于创建独立的应用程序；而 VB 可用于创建独立的应用程序。

◎ **运行方式不同**：要运行 VB 开发的应用程序，用户不必安装 VB，因为 VB 开发出的应用程序是可执行文件（*.exe），而 VBA 开发的程序必须依赖于它的"父"应用程序。

尽管存在这些不同，VBA 和 VB 在结构上十分相似。事实上，如果用户已经了解 VB，就会发现学习 VBA 非常快。同样，学习 VBA 也会给学习 VB 打下坚实的基础。

13.5 认识 VBA 开发环境

> VBA 的开发环境是内置在 Office 中的 Microsoft Visual Basic 编辑器，使用此编辑器可以对 VBA 代码进行输入、编辑、运行以及调试等操作。学会了 Microsoft Visual Basic 编辑器的使用方法，才可以更容易地使用 VBA。

13.5.1 用户界面组成

VBA 用户界面与其他大部分应用程序的界面相似，都有标题栏、菜单栏以及工具栏等，不同的是 VBA 编辑器多了几个功能窗口，用来完成 VBA 的编辑与管理。

01 单击 Visual Basic 按钮 打开文件，选择"开发工具"选项，单击"代码"组中的 Visual Basic 按钮，如下图所示。

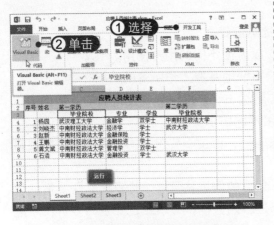

02 查看编辑器窗口 打开 Microsoft Visual Basic 编辑器窗口，该窗口中有标题栏、菜单栏、工具栏、"工程"窗口、"属性"窗口及"代码"窗口等，如下图所示。

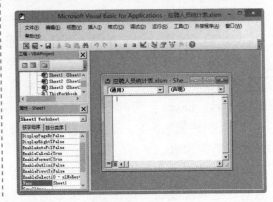

13.5.2 工程资源管理器窗口

在工程资源管理器窗口中，可以看到所有打开和加载的 Excel 文件及其加载宏。每个 Excel 文件以树形显示了 Excel 中所有工程的结构，对应的 VBA 工程都有 4 类对象，分别为 Microsoft Excel 对象、窗体、模块和类模块，如下图所示。

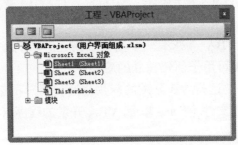

13.5.3 代码窗口

代码窗口中包含 VBA 代码，可以用来编写、显示以及编辑 VB 代码。在代码窗口中还可以建立或编辑宏程序、事件过程，以及特殊的帮助程序。代码窗口如下图所示。

13.5.4　监视窗口

当工程中有定义监视表达式时，监视窗口就会自动出现。也可以单击"视图"|"监视窗口"命令，弹出"监视窗口"对话框，如下图所示。

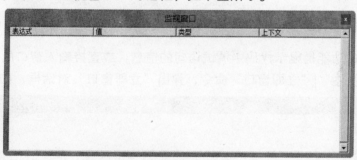

在监视窗口中，包括"表达式"、"值"、"类型"与"上下文"共 4 项可以显示的列，其作用如下：

◎ **表达式**：列出监视表达式。

◎ **值**：列出切换成中断模式时表达式的值。

◎ **类型**：列出表达式的类型。

◎ **上下文**：列出监视表达式的内容。

13.5.5　属性窗口

属性窗口可以列出选取对象的"设计时"属性，也可以在"设计时"改变这些属性。当选取了多个控件时，属性窗口会列出所有控件都具有的属性。所谓"设计时"，就是开发环境中编译应用程序的时期，此时添加控件、设置控件或窗体属性等；而在运行时，则像用户使用程序一样执行相关功能。单击"视图"|"属性窗口"命令，弹出"属性"对话框，如下图所示。

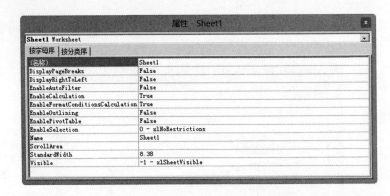

从图中可以看出，属性窗口的主要部件包括列表框和属性列表框，对象列表框列出了当前所选的对象，但只能列出本级窗体中的对象，其属性窗口第一行的 UserForm1 就是一个所选对象。属性列表框则分为"按字母序"和"按分类序"两种方式，具体内容如下：

◎ **按字母序**：按字母序列出所选对象的所有属性，这些对象及其当前设置可以在设计时改变。

◎ **按分类序**：根据性质列出所选对象的所有属性。可以折叠这个列表，这样将只看到分类。也可以展开一个分类，并可以看到其所有的属性。当展开或折叠列表时，可在分类名称的左边看到一个加号（＋）或减号（-）图标。

13.5.6 立即窗口

立即窗口的功能是显示代码中调试语句的信息，或直接输入窗口的命令所生成的信息。单击"视图"|"立即窗口"命令，弹出"立即窗口"对话框，如下图所示。

在用户编写 VBA 代码时，使用立即窗口可以很方便地完成以下工作：

◎ 检测有问题的或新编写的代码。

◎ 当执行应用程序时，查询或改变变量的值；当应用程序中断时，可以将新值指定给程序中的变量。

◎ 当执行应用程序时，查询或改变属性值。

◎ 当代码中调用所需的过程。

◎ 当运行应用程序时，查看调试的输出。

13.5.7 对象浏览器窗口

在对象浏览器中，用户可以浏览工程中所有可获得的对象，并查看它们的属性、方法以及事件，此外，还可以查看工程中可从对象库获得的过程以及常数。对象浏览器可以显示用户所浏览对象的联机帮助，也可以搜索和使用用户所创建的对象，其他应用程序的对象也可用来浏览，如下图所示。

在窗口上方的"工程/库"下拉列表框中，列出了 Office 中所有库的信息，其中包括 Excel、Office、VBA 等，通过选择相应的项可以列出相应的类列表。在左窗格"类"下方的列表中选择类，右窗格的"成员"列表中就会列出对应的属性、方法和事件等，在窗口底部即可查看所选类的描述信息。

在搜索结果列表框中输入 workbook 后，按【Enter】键确认，就会在下方的列表中显示所有对应的方法列表。单击列表中的方法，即可在窗口底部显示其详细信息，如下图所示。

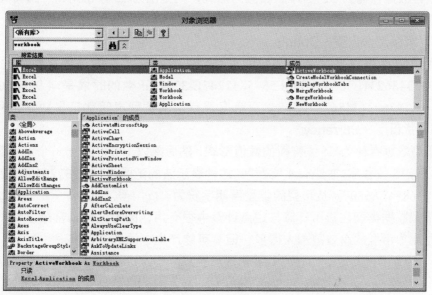

13.6 VBA 语法基础

程序的处理对象就是数据，在学习 VBA 语法基础之前需要先了解数据的相关知识。在 VBA 中数据分为多种类型，而且类型划分也较细。

13.6.1 数据类型

VBA 中提供了多种基本数据类型，具体介绍如下：

（1）字符串（String）

字符串有变长和定长两种。变长字符串最多可包含 20 亿个字符。定长字符串可包含 1~64K 个字符。

String 类型的字符码的范围是 0~255。字符串包括在双引号内，其中长度为 0 的字符串称为空字符，以下为字符串的表示形式。

```
"abc"
"使用 VBA"
""
```

（2）字节型（Byte）

字节型数据类型为数值型，用来保存 0~255 的整数，占用 8 位存储空间。字节型数据类型在存储二进制数据时使用。

（3）整型（Integer）

整型数据存储为 16 位的数值形式，其范围为-32768~-32767。整型数据除了表示一般的整数外，还可以表示数组变量的下标。整型数据的运算速度较快，而且比其他数据类型占用的内存少。整型的类型声明字符是百分比符号（%）。

（4）长整型（Long）

长整型数据存储为 32 位浮点数值的形式，其范围为-2147483648 ~2147483647。长整型的类型声明字符为"和（&）"号。

（5）双精度浮点型（Double）

双精度浮点型数据存储为 64 位浮点数值的形式，它的范围在负数的时候是-1.79769313486231E308~-4.94065645841247E-324，正数的时候是 4.94065645841247E-324~1.79769313486232E308。双精度浮点型的类型声明字符是数字符号（#）。

（6）货币型（Currency）

货币型数据存储为 64 位整型的数值形式，然后除以 10000 给出一个定点数，其小数点左边有 15 位数字，右边有 4 位数字。这种表示法的范围为-922337203685477.5808~922337203685477.5807。货币型的类型声明字符为"@"号。

货币型数据类型在货币计算与定点计算中很有用，因为这种场合精度特别重要。浮点数据比货币型的有效范围大得多，但有可能产生小的进位误差。

（7）布尔型（Boolean）

布尔型数据用来表示逻辑值。布尔型变量的值显示为 True 或 False，保存为 16 位的数值形式。使用关键字 True 与 False 可以将布尔型变量赋值为这两个状态中的一个。

当转换其他的数值类型为 Boolean 值时，0 会转成 False，而其他的值则变成 True。

（8）日期型（Date）

日期型数据存储为 64 位浮点数值形式，其可以表示的日期范围从 100 年 1 月 1 日到 9999 年 12 月 31 日，而时间可以从 0:00:00 到 23:59:59。任何可以辨认的文本日期都可以赋值给 Date 变量。日期文字须以数字符号（#）括起来。

日期型变量会根据计算机中的短日期格式来显示，时间则根据电脑的时间格式来显示。

当其他的数值类型要转换为日期型时，小数点左边的值表示日期信息，小数点右边的值表示时间。午夜为 0 而中午为 0.5。负整数表示 1899 年 12 月 30 日之前的日期。

（9）变体型（Variant）

变体型数据是所有没被显式声明为其他类型变量的数据类型。变体型没有类型声明字符。

变体型是一种特殊的数据类型，除了定长 String 数据及用户定义类型外，可以包含任何种类的数据。Variant 也可以包含 Empty、Error、Nothing 及 Null 等特殊值。可以用 VarType 函数或 TypeName 函数来决定如何处理变体型中的数据。

（10）对象型（Object）

对象型数据存储为 32 位的地址形式，其为对象的引用。利用 Set 语句，声明为对象型的变量可以赋值为任何对象的引用。

13.6.2 常量与变量

下面将详细介绍常量与变量的相关知识。

1．常量

在程序运行过程中值不发生变化的量称为常量（常数），常量的值在程序执行之前就已经确定，执行过程中不能改变。根据其值的数据类型不同，常量也具有数据类型。

VBA 中常量的类型有 3 种，分别是直接常数、符号常数和系统常数。

（1）直接常数

在 VBA 程序代码中直接书写的量为直接常量，例如：

```
S=r*r*3.14
```

程序代码中的数值 3.14 就是直接常数。直接常数也有数据类型的区别，其数据类型由它本身所表示的数据形式决定。根据数据类型的不同，直接常数分为数值常数、字符串常数、日期/时间常数和布尔常数。

◎ **数值常数**：数值常数是由数字、小数点和正负符号所构成的量。一个数值常数有时可能存在多种数据类型的解释。例如，3.14 可解释为单精度型，也可为双精度型。VBA 将使用占用内存少的类型，即单精度型。

◎ **字符串常数**：字符串常数是由数字、英文字母、特殊符号和汉字等可见字符构成的，在书写时必须使用双引号作为定界符，例如：

"程序设计"

如果字符串常数中包含双引号，则需要在有双引号的地方输入两次双引号，例如：

"VBA 程序设计很简单"

后面用了三个双引号，其中前两个双引号将输出为一个引号，最后一个双引号为字符串符。

◎ **日期/时间常数**：日期/时间常数用来表示某一天或某一具体时间，使用#作为定界符，日期时间的意义要正确，如#12/25/2010#是正确的，而#2/29/2010#是错误的，因为 2 月没有 29 日。

◎ **布尔常数**：布尔常数也叫逻辑常数，只有两个值：True（真）和 False（假）。

（2）符号常数

如果在程序中需反复地使用某一个常数，可为该常数命名，在需要使用该常数的地方引用其常数名则可。使用符号常数有以下优点。

◎ **提高程序可读性**。符号常数是有意义的名字，可以提高程序的可读性。

◎ **快速修改程序**。如果需要在程序中修改常数的具体值，只需要在定义符号常数处修改即可。

◎ **减少出错率**。如果反复在程序中输入同一数据，有可能在某处输入错误，导致计算结果不同，不好查错。使用符号常数则只需要定义一次就可引用。在程序运行时，不能对符号常数进行赋值和修改，即符号常数在程序运行前必须有确定的值。符号常数的定义格式如下：

Const 符号常数名=符号常数表达式

Const 为定义符号常数的关键字，符号常数表达式计算出来的值一直保存在常数名中，常数值就不再允许修改了。例如：

Const PI=3.14
Const Name="my"

在定义符号常数时，等号右边的表达式往往是数字或文字串，但也可以是其结果为数字或字符串的表达式，甚至是先前定义过的常数。例如：

Const Name1="mine"+Name

（3）系统常数

系统常数就是 VBA 系统内提供的一系列各种不同用途的符号常数。例如，色彩常数用 vbBlack 表示黑色，比用数值 0×0 更直观、易用。这些常数可与应用程序的对象、方法和属性一起使用。

在 VBA 中，系统常数名采用大小写混合的格式，其前缀表示定义常数的对象库名。在 Excel 中的系统常数名通常都以小写的 xl 作为前缀，而 Visual Basic 中的系统常数名通常都是以小写的 vb 作为前缀。要查询某个系统常数的具体名称及其确切值，可以使用"帮助"或"对象浏览器"，对象浏览器如下图所示。

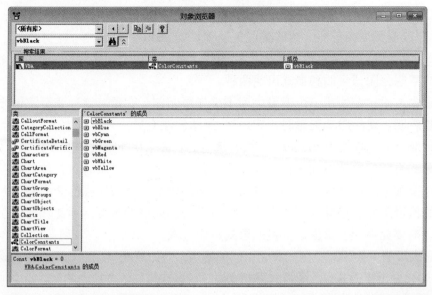

在上图第一个列表框中选择相应的库，在第二行的列表框中输入要查找的常数，即可在指定库中查询常数。如果找到指定常数，其数据值显示在对话框下面的区域中。

2. 变量

变量用于保存程序运行过程中的临时值，根据其保存数据的数据，变量也具有不同的类型。和常数不同，在程序运行过程中变量保存的值可以进行更改。

（1）变量的命名规则

数据保存后，必须使用某种方式引用它。在 VBA 中，可以使用名称来表示内在位置，这个名称称为标识符，定义标识符名称时应遵循以下规则：

◎ 第一个字符必须使用英文字母。

◎ 不能在名称中使用空格、句点（.）、惊叹号（!），或@，&，$，#等字符。

◎ 名称的长度不可以超过 255 个字符。

◎ 通常情况下，使用的名称不能与 VBA 本身的 Function 过程、语句及方法的名称相同。必须谨慎使用与程序语言的关键字相同的名称。若所使用的内在语言函数、语句或方法与所指定的名称相冲突，则必须显式地识别它，即将内置函数、语句或方法的名称之前加上关联类型库的名称。

◎ 不能在范围相同的层次中使用重复的名称。例如，不能在同一过程中声明两个名为 age 的变量。然而，可以在同一模块中声明一个私有的名为 age 的变量和过程的级别的名为 age 的变量。

◎ 在 Visual Basic 中不区分大小写，但它会在名称被声明的语句处保留大写。

（2）声明变量

声明变量就是事先将变量名及其类型通知 VBA，由 VBA 为变量分类存储空间。常用 Dim 语句声明变量，具体格式如下：

Dim 变量名 [as 数据类型]

其中：

◎ Dim 和 as 为声明变量的关键字。

◎ 数据类型为前面介绍的类型关键字，如 String、Date 等。

◎ 中括号部分表示可以省略，即声明变量时也可不指定变量的类型。在 VBA 中变量的声明分隐式声明和显式声明两种。

隐式声明：在使用一个变量之前不必先声明这个变量。这种变量使用方式称为隐式变量声明。使用隐式变量时，VBA 会自动创建变量，并设置为 Variant 类型。在为其指定值之前，其值为 Empty；当为它赋值后，会采用所赋值的类型作为变量的类型。使用隐式声明的方法看起来很方便，但当程序很大或很复杂时，这种未经声明的变量使用往往会造成程序出错，而这种错误不能利用编译系统工程检查出来，大量未声明变量的检查工作往往靠人工逐个检查，从而增加调试的难度。因此，建议在使用每个变量之前要先声明，这就是变量的显式声明方式。

显式声明：为了避免隐式声明引起的麻烦，可以规定只要遇到一个未声明的变量名 VBA 就会发出错误警告。要显式声明变量，可以在模块、类模块的声明段中加入语句。

Option Explicit

13.6.3　VBA 运算符与表达式

运算符是介于操作数间的运算符号，如 "+" 和 "-" 都是典型的运算符。在 VBA 中提供了 4 种基本的运算：算术运算、比较运算、连接运算和逻辑运算，下面将分别进行介绍。

1．算术运算符

电脑最基本的功能就是进行算术运算。与代数中的运算符不完全相同的是，VBA 中主要有以下运算符：

◎ ^ 运算符，用来进行幂运算，如 "2^4" 表示 2 的 4 次方。

◎ * 运算符，用来将两数相乘，如 "4*5" 表示 4 乘以 5。

◎ / 运算符，用来进行两个数的除法运算并返回一个浮点数，如 "5/2" 表示 5 除以 2，商为 2.5。

◎ \ 运算符，用来对两个数进行整除运算，如 "5\2" 表示 5 整除以 2，商为 2，不保留小数部分。

◎ Mod 运算符，用来对两个数做除法并且只返回余数，如 "5 Mod 2"，即可求得余数 1。

◎ + 运算符，用来求两数之和。

◎ - 运算符，用来求两数之差或表示数值表达式的负值。

2．比较运算符

比较运算符用来表示两个或多个值或表达之间的关系。这些运算符包括小于（<）、小于等于（<=）、大于（>）、大于等于（>=）、不等于（<>）和等于（=）。其结果只能为 True 或 False。

比较运算符的使用方式如下：

结果=表达式1 比较运算符 表达式2

例如：

A=6>3

B=7>8

因为 6 是大于 3，所以 A 的值为 True，而 7 不大于 8，所以 B 的值为 False。

3．连接运算符

连接运算符的作用是用来连接两个以上的字符串，使其成为一个单一字符串。VBA 中有两个连接运算符。

（1）& 运算符

用来强制两个表达式做字符串连接。如果表达式的结果不是字符串，则将其转换成字符串。例如：

"V"&"B"&"A"的结果为"VBA"；

"A"&"2"的结果为"A2"；

1&2 的结果为 12（先将数字转换为字符串，再进行连接）。

（2）+ 运算符

该运算符既可做算术运算中的加运算，也可用在字符串的运算中，进行两个字符串的连接。只有运算符两边的表达式都为字符串时才进行连接运算。例如：

"V"+"B"的结果为"VB"

"VB"+2 的结果将弹出"类型不匹配"的错误提示

2+3 的结果为 5（进行算术运算）

4．逻辑运算符

逻辑运算符是指连接表达式进行逻辑运算的运算符，其运算结果只有 True 和 False 两种。

◎ Not 运算符，用来对表达式进行逻辑否定运算。

◎ And 运算符，用来对两个表达式进行逻辑与运算。

◎ Or 运算符，用来对两个表达式进行逻辑或运算。

◎ Xor 运算符，用来对两个表达式进行逻辑异或运算。

◎ Eqv 运算符，用来对两个表达式进行逻辑等价运算。

◎ Imp 运算符，用来对两个表达式进行逻辑蕴含运算。

如果 A 和 B 代表任意两个操作数，而且 T 代表逻辑真（True），F 代表逻辑假（False），则各种逻辑运算符的运算结果见下表。

逻辑运算真值表

操作数 A	F	F	T	T
操作数 B	F	T	F	T
Not A	T	T	F	F

A And B	F	F	F	T
A Or B	F	T	T	T
A Xor B	F	T	T	F
A Eqv B	T	F	F	T
A Imp B	T	T	F	T

运算符的优先级是指在一个表达式中有许多运算符时，会按照其特定的优先顺序进行运算。VBA 中也有其特定的运算符运算的优先顺序。VBA 中运算符的运算优先级如下：

◎ 算术运算符的优先顺序：乘幂运算符（^）→乘法和除法运算符（*、/，两者为同级运算符）→整除运算符（\）→取模运算符（Mod）→加法和减法运算符（+、-，两者为同级运算符）。

◎ 比较运算符的优先顺序：按从左到右的顺序运算。

◎ 逻辑运算符的优先顺序：Not（逻辑非）→And（逻辑与）→Or（逻辑或）→Xor（异或）→Eqv（与或）→Imp（蕴含）。

如果在一个表达式中包含几类运算符，则运算符的优先顺序为：算术运算符→连接运算符→比较运算符→逻辑运算符。如果在同一表达式中有多个同级运算符，则按从左到右的顺序运算。如果要强制改变表达式的计算顺序，可以使用括号"（）"，进行计算时，会首先计算括号内的表达式，然后计算括号外的表达式。如果括号内的表达式中有相同级别的运算符，则按从左到右的顺序计算。

5. 表达式

一个表达式是由操作数和运算符共同组成的。表达式作为运算对象的数据称为操作数，操作数可以是常数、变量、函数或另一个表达式。

使用不同的运算符将操作数连接起来可构成不同的表达式。

以下为一个算术表达式：

PI*0.5+200

此表达式表示将变量 PI 的值乘以 0.5，再加上 200，其返回值为一个数值。

逻辑运算符和比较运算符连接的表达式都返回一个逻辑值，统称为逻辑表达式。例如：

AGE>34 And PI>200

使用连接运算符"&"可构成连接表达式，例如：

A & B

13.6.4 程序结构

与其他程序设计语言一样，VBA 程序代码的程序流程结构也分为 3 种：顺序结构，程序从上到下，从程序的第一行执行到最后一行；分支结构，根据条件选择执行一部分程序语句，跳过另一部分程序语句；循环语句，重复执行一段程序语句。

1．顺序结构

顺序结构就是按照语句的书写顺序从上到下逐条执行语句，执行过程中没有任何分支。赋值、输入、输出等语句为典型的顺序结构语句。

（1）赋值语句

赋值语句指定一个值或表达式给变量或常数，通常会包含一个等号（＝）。其格式如下：

> [let] 变量=表达式

Let 关键字可省略，该语句的作用是将表达式的值计算出来再赋值给变量。

（2）输入语句

在程序中需要用户输入数据进行交换，在 VBA 中提供了 InputBox 函数，用来接受用户的输入。执行该函数时将在一个对话框中显示提示，等待用户输入文本或按下按钮，并返回包含文本框内容的字符串。其语法格式如下：

> Value=InputBox(prompt,[title][,default][,xpos][,ypos][,helpfile,context])

其中的参数含义如下：

◎ prompt：显示在输入对话框中的提示信息，最大长度大约是 1024 个字符。

◎ title：可选。输入对话框的标题栏。如果省略 title，则把应用程序名放入标题栏中。

◎ default：可选。文本框中默认的显示内容。如果省略 default，则文本框为空。

◎ xpos：可选。数值表达式，成对出现，指定对话框的左边与屏幕左边的水平距离。如果省略 xpos，则对话框在水平方向居中。

◎ ypos：可选。数值表达式，成对出现，指定对话框的上边与屏幕上边的距离。如果省略 ypos，则对话框被放置在屏幕垂直方向距下边大约 1/3 的位置。

◎ helpfile:可选。字符串表达式，识别帮助文件，用该文件为对话框提供与上下文相关的帮助。如果已提供 helpfile，则必须提供 context。

◎ context：可选。数值表达式，由帮助文件的作者指定给某个帮助主题的与帮助上下文相关的编号。如果已提供 context，则必须提供 helpfile。

（3）输出语句

MsgBox 函数的作用是以对话框的形式显示一些简单的错误、警告或提示信息给用户，等待用户单击相应按钮做出响应。其用法有语句和函数两种格式，语句格式如下：

> MsgBox prompt[,button][,title][,helpfile,context]

函数格式如下：

> Value=MsgBox(prompt[,button][,title][,helpfile,context])

大部分参数与 Inputbox 函数的参数意义相同，不同的是多了一个 button 参数，用来指定显示按钮的数目及形式、使用提示图标样式等。

```
Dim Msg,Style,Title,Help,Ctxt,Response,MyString
Msg="是否继续？"
Style=vbYesNo+vbCritical+vbDefaultButton2
Title="警告"
'显示信息
Response=MsgBox(Msg,Style,Title)
If Response=vbYes Then
    MyString="Yes"
Else
    MyString="No"
endif
```

运行以上代码，将显示警告信息框，可以单击对话框中的按钮进行选择。

（4）注释语句

在程序代码中适当地加入注释可以提高程序的可读性，以方便代码的维护。在 VBA 中，注释以撇号 "'" 开头，或者以 Rem 关键字开头，再在其后面写上注释内容。

Rem 语句的格式如下：

Rem 注释文本

也可以使用如下语法：

注释文本

也可不写任何注释文本。在 Rem 关键字与 "注释文本" 之间要加一个空格。若使用撇号来添加注释文本，则在其他语句行后面使用时不必加冒号。例如：

Title="InputBox 演示" '设置标题

如果使用 Rem 关键字，则需要在两条语句之间加上冒号，如：

Title="InputBox 演示" : Rem 设置标题

注释语句在程序中不产生执行代码，只是方便程序员与用户之间交流。

在 VBA 中，"编辑" 工具栏提供了两个按钮："设置注释块" 和 "解除注释块" 按钮。使用这两个命令按钮可以将选中的代码快速设置为注释，或取消其前面的注释符号（撇号）。

2. 分支结构

在日常生活中，常常需要对给定的条件进行分析、比较和判断，并根据判断结果采取不同的操作。在 VBA 的程序中对这种情况可通过分支结构程序来解决。利用分支结构使 VBA 能对数据进行判断，然后选择需要的分支进行处理，从而使系统具有智能功能。

（1）If…Then 语句

> If 逻辑表达式 Then 语句

逻辑表达式也可以是任何计算数值的表达式，VBA 将这个值解释为 True 或 False：为零的数值为 False，而任何非零数值都被看作 True。

该语句的功能为：若逻辑表达式的值是 True，则执行 Then 后的语句；若逻辑表达式的值是 False，则不执行 Then 后的语句，而执行下一条语句。其流程如下图所示。

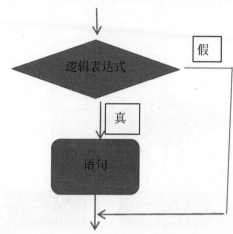

（2）块结构条件语句

在 "If…Then" 语句中，如果条件成立时需要执行多个操作，可将多个语句写在 Then 后面，并用冒号（:）分隔。"If…Then" 语句还提供另外一种块结构的方法，可使执行代码的过程更清晰，其语法如下：

> If 逻辑表达式 Then
> 　语句 1
> 　语句 2
> …
> End If

（3）If…Then…Else 语句

在 "If…Then" 语句中，当条件为 False 时，不执行任何语句。若要求在条件为 False 时执行另一段代码，可用 "If…Then…Else" 语句完成。"If…Then…Else" 语句也有两种格式：单行和多行。单行格式为：

> If 逻辑表达式 Then 语句 1 Else 语句 2

当 "逻辑表达式" 的值为 True 时，执行关键字 Then 后面的 "语句 1"；当 "逻辑表达式" 的值为 False 时，执行关键字 Else 后面的 "语句 2"。

多行条件语句将根据条件表达式的值来判断并执行其中一个语句块。语法格式如下：

> If 逻辑表达式 Then

```
    语句序列 1
Else
    语句序列 2
End If
```

VBA 判断"逻辑表达式"的值如果为 True，执行"语句序列 1"中的各条语句；如果"逻辑表达式"的值为 False 时，就执行"语句序列 2"中的各条语句。其流程如下图所示。

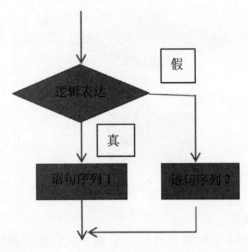

（4）Select Case 语句

在"If…Then"分支语句中，总是可以添加更多的 Else If 块，但当每个 Else If 块都将相同的表达式与不同的数值比较时，这个结构编写起来很乏味，也不易阅读。在这种情况下，可以多分支选择结构 Select Case 语句。

Select Case 语句的功能与"If…Then…Else"语句类似，但对多重选择的情况可使代码更加易读。

Select Case 在结构的开始处理一个测试表达式并只计算一次，然后 VBA 将表达式的值与结构中的每个 Case 的值进行比较，如果相等，就执行与该 Case 相关联的语句块，执行完毕再跳转到 End Select 语句执行。其语法格式如下：

```
Select Case 测试表达式
    Case 表达式列表 1
        语句序列 1
    Case 表达式列表 2
        语句序列 2
        …
    Case Else
        语句序列 n
End   Select
```

3．循环结构

循环语句是指重复性地执行指定代码段。VBA 中提供了"For…Next"与"Do…Loop"两种循环语句。下面将介绍这两种方法。

For…Next 语句的语法格式如下：

```
For 循环变量=初值 to 终值 Step 步长

    代码段

Next
```

For…Next 语句的执行过程是首先对循环变量进行判断，如果循环变量的值小于终值，则执行代码段；代码段执行完成后，将循环变量的值加上步长，然后继续判断循环变量的值，直到循环变量的值大于终值为止。下面使用一个实例来说明 For…Next 语句的使用方法。

```
Dim    B    as    Integer
For B=6 to 1 step -1
Debug.Print B
Next
```

循环变量 B 的初值为 6，终值为 1，步长值为-1，首先判断 B 变量的值是否小于 1，如果不小于，则显示变量 B 的值；然后将变量 B 的值减去 1，再返回判断 B 变量的值是否小于 1，直到 B 变量的值小于 1 为止。本例在"立即窗口"中显示的数值是 6，5，4，3，2，1。

Do…Loop 语句的执行过程与 For…Next 语句基本相同，也是重复执行相应的代码段。与 For…Next 语句不同的是，Do…Loop 语句不直接控制循环的次数，只要条件表达式为 True，就继续执行。Do…Loop 语句的语法格式如下：

```
Do While 条件表达式

    代码段

Loop
```

Do…Loop 语句的执行过程是，首先对条件表达式进行判断，如果条件表达式结果为 True，则执行代码段，直到条件表达式为 False 为止。下面以一个实例来说明 Do…Loop 语句的使用方法。

```
Dim A    as    Integer
Do while    A<6
    A=A+1
    Debug.Print    A
Loop
```

如果 A=1，则执行代码段，直到 A 变量的值大于等于 5 为止。本例在"立即窗口"中显示的数值是 1，2，3，4，5。

13.6.5 数组

数组是具有共同名字相同类型的一组元素；可以用数组名和一个索引数字来引用数组中的某个元素。

1．声明数组

数组的声明方式和其他的变量是一样的，它可以使用 Dim、Statice、Private 或 Public 语句来声明。标量变量与数组变量的不同在于它通常必须指定数组的大小。若数组的大小被指定的话，则它是个固定大小数组。若程序运行时数组的大小可以被改变，则它是个动态数组。

2．一维数组

像声明普通变量一样，可以用 Dim 语句来说明一个数组，也可以指定数组中的元素的数量。说明的方法是指定下索引数、关键字 to 和上索引数。例如，下面的例子说明了由 100 个整数组成的数组：

```
Dim  MyArray(1 to100)  as  Integer
```

当说明数组时，只需要指定一个数值，VBA 默认将 0 作为下索引数，输入的数值作为上索引数，因此下面两个语句具有相同的作用，都是由 101 个元素组成的函数：

```
Dim  MyArray(0 To 100)  As  Integer
Dim  MyArray(100)  As  Integer
```

如果需要将 1 作为所有数组的下索引数，只对上索引数说明的话，可以在模块中任何过程的前面使用下列语句：

```
Option   Base   1
```

如果有这个语句，下面的两个语句就具有相同的作用：

```
Dim  MyArray(1  to  100)  As  Integer
Dim  MyArray(100)  As  Integer
```

3．多维数组

在 VBA 中，除了可以使用一维数组，而且可以使用多维数组，VBA 数组最多可达到 60 维。下面的语句说明一个 100 个整数组成的二维数组：

```
Dim  MyArray(1  To  10, 1  To  10)As  Integer
MyArray(3,4)=125
```

动态数组不预先设置元素数，可以用一个空括号来说明一个动态数组：

```
Dim MyArray() As Integer
Dim SngArray() As Single
```

用户可以在过程中使用 ReDim 语句来做隐含性的数组声明。对于过程中的数组范围，可以使用 ReDim 语句去改变它的维数，去定义元素的数目以及每个维数的底层绑定。每当需要时，可以 ReDim 语句去更改动态数组。然而当做这个动作时，数组中存在的值会丢失。若要保存数组中原先的值，则可以使用 ReDim Preserve 语句来扩充数组。例如，下列的语句将 varArray 数组扩充了 10 个元素，而原本数组中的当前值并没有消失掉：

$$ReDim\ Preserve\ varArray\ (\ UBound\ (varArray) + 10\ )$$

当对动态数组使用 Preserve 关键字时，只可以改变最后维数的上层绑定，而不能改变维数的数目。不过，当在代码中使用动态数组之前，用户必须用 ReDim 语句告诉 VBA 数组中有多少元素。根据需要可以多次使用 ReDim 语句，并可以多次改变数组的大小。

任何数据类型的数组都需要 20 个字节的内存空间，加上每一数组维数占 4 个字节，再加上数据本身所占用的空间。数据所占用的内存空间可以用数据元数目乘上每个元素的大小进行计算。例如，以 4 个 2 字节的 Integer 数据元所组成的一维数组中的数据，占 8 个字节。这 8 个字节加上额外的 24 个字节，使得这个数组所需总内存空间为 32 个字节。包含一数组的 Variant 比单独的一个数组需要多 12 个字节。

使用 StrConv 函数把字符串数据从一种类型转换为另一种类型。除非有其他的指定，否则未声明变量会被指定成 Variant 数据类型。这个数据类型可使写程序变得较容易，但它并不总是使用中最有效率的数据类型。

13.6.6　SUB 过程

在模块内的代码会被组织成过程，而过程会告诉应用程序如何去执行一个特定的任务。利用过程可将复杂的代码细分成许多部分，以便管理。过程是 VBA 的最基本运行单位，一个完整的过程的代码如下：

```
[Private|Public|Friend][Static]Sub name[(arglist)]
[statements]
[Exit Sub]
[statements]
End Sub
```

在以上程序中，Sub 代表过程种类，表示运行指定的操作，但不返回结果，name 表示过程名称，最后以 End Sub 结束。Sub 过程的创建方法如下：

01 单击 Visual Basic 按钮　打开文件，选择"开发工具"选项，单击"代码"组中的 Visual Basic 按钮，如下图所示。

02 单击"模块"命令　弹出 Microsoft Visual Basic 窗口，单击"插入"|"模块"命令，如下图所示。

03 输入代码　弹出模块代码窗口，输入过程后按【Enter】键确认，自动添加一个 End Sub 语句。在 Sub 和 End Sub 之间输入代码，如下图所示。

知识加油站

　　如果 Sub 过程无任何参数，则 Sub 语句必须包含空括号()。

13.6.7　Function 函数

　　Function 函数和 Sub 过程都属于 VBA 的通用过程。对比两种结构，可以发现它们的相同点和不同点。

　　Function 函数和 Sub 过程的相同点如下：

　　◎ 都是构成 VBA 程序的基本单位。

　　◎ 都可用 public、private 等关键字设置过程的作用区域。

　　◎ 都可接受参数，参数的设置相同。

　　Function 函数和 Sub 过程的不同点如下：

　　◎ Sub 过程不能返回一个值，而 Function 函数可以返回一个值，因此 Function 函数可以像 Excel 内部函数一样在表达式中使用。

　　◎ Sub 过程可作为 Excel 中的宏来调用，而 Function 函数不会出现在"选择宏"对话框中，要在工作表中调用 Function 函数，可像使用 Excel 内部函数一样。

　　◎ 在 VBA 中，Sub 过程可以作为独立的基本语句调用，而 Function 函数通常作为表达式的一部分。

　　Function 函数结构的语法格式如下：

```
[Public|Private|Friend][Static] Function 函数名[（参数列表）][As 返回类型]

    语句序列 1

    函数名=表达式 1

    Exit Function

    语句序列 2

    函数名=表达式 2

End Function
```

　　Function 过程的创建方法如下：

01 单击 Visual Basic 按钮　打开素材文件，选择"开发工具"选项卡，单击"代码"组中的 Visual Basic 按钮，如下图所示。

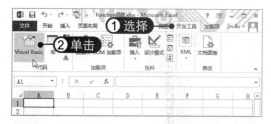

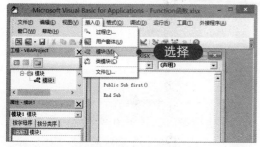

03 输入函数 弹出模块代码窗口，输入函数后按【Enter】键确认，就会自动添加一个 End Function 语句，如下图所示。

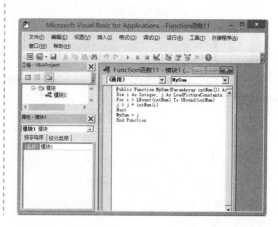

13.6.8 使用按钮控件

按钮是最常用的控件，将录制的宏分配到按钮，单击即可执行对应代码，这是一个常用的操作，具体操作方法如下：

01 创建新宏 按照前面的方法创建一个名为"格式2"的新宏，如下图所示。

02 选择按钮控件 选择"开发工具"选项卡，在"控件"组中单击"插入"下拉按钮，选择按钮控件，如下图所示。

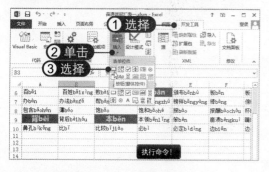

03 绘制按钮 在工作表的合适位置拖动鼠标绘制按钮，如下图所示。

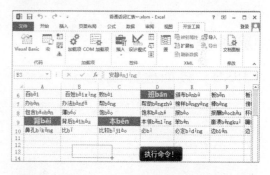

04 指定宏 释放鼠标后自动弹出"指定宏"对话框，在列表中选择宏名，然后单击"确定"按钮，如下图所示。

05 选择"编辑文字"命令　右击按钮，在弹出的快捷菜单中选择"编辑文字"命令，如下图所示。

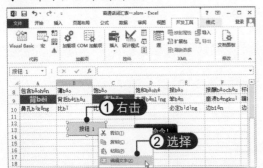

06 选择"设置控件格式"命令　重新编辑按钮上的文字。右击按钮，在弹出的快捷菜单中选择"设置控件格式"命令，如下图所示。

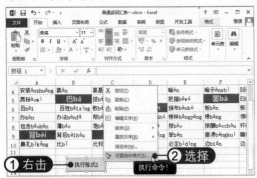

07 设置字体格式　弹出对话框，在"字体"选项卡下设置字体格式，单击"确定"按钮，如下图所示。

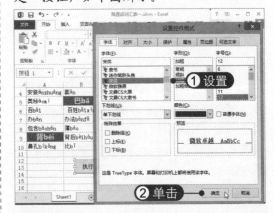

08 执行宏　选择E10单元格，单击按钮即可执行宏，查看效果，如下图所示。

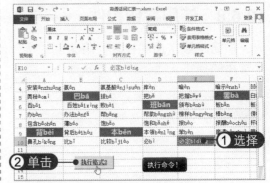

13.6.9　其他控件属性

工作表是一个窗体，用户可以向工作表中添加文本框、复选框、单选框、列表框、按钮等，这些就是窗体控件。下面将分别介绍常用控件的属性。

（1）组合框

组合框是一种下拉列表框，在窗体中应用得非常广泛，主要用来显示一些数据项，供用户进行选择，其属性设置窗口如下图所示。

其中：

◎ **数据源区域**：用来为下拉列表框提供数据，一般指向工作表的某列数据，应事先将该列数据定义好。

◎ **单元格链接**：保存组合框返回的数据。当用户在组合框中选择某项数据时，将返回该值位于列表框中的序号。可以定义公式对此单元格进行运算，根据用户的选择得到不同的结果。

◎ **下拉显示项数**：设置在下拉列表中可以显示的项数。

◎ **三维阴影**：设置组合框的显示效果，不影响结果，只是美化外观。

（2）列表框

列表框与组合框类似，其区别主要在于组合框采用下拉式列表，平常只占用一行的空间，而列表框将同时列出多个数据项，占用多列的窗体空间。列表框的属性窗口如下图所示。

其中：

◎ **数据源区域**：用来为下拉列表框提供数据，一般指向工作表的某列数据。

◎ **单元格链接**：保存列表框中选中项目的单元格。

◎ **选定类型**：设置列表框中的项目如何被选定，当设置为"复选"或"扩展"时，"单元格链接"编辑框中指定的单元格将被忽略。

（3）复选框

复选框有 3 种状态，在工作表或组中的可以同时选中多个复选框。复选框属性窗口如下图所示。

其中：

◎ **值**：用来反映复选框的选择状态。

◎ **单元格链接**：保存复选框的状态值的单元格。若为已选择状态，该单元格为逻辑值 TRUE；若为未选择状态，该单元格为逻辑值 FALSE；若为混合状态，该单元格的错误值为#N/A。

（4）**选项按钮**

选项按钮又叫单选按钮，一般成组出现，每组只能有一个选项按钮处于选中状态，选中其中一个时，同组的其他选项按钮将自动处于未选中状态。可以使用分组框控件对选项按钮进行分组，如果没有分组框，整个窗体中的选项按钮为一个组，只允许有一个处于选中状态。选项按钮的属性窗口如下图所示。

其中：

◎ **值**：设置选项按钮是处于选中或未选中状态。

◎ **单元格链接**：保存选中选项按钮序号的单元格。将同组各选项按钮的"单元格链接"设置到同一单元格，当用户选中该组中的第一个选项按钮时，该单元格将为 1；选中第二个选项按钮时，该单元格将为 2。通过读取该单元格的值，即可知道用户选择的是哪个选项。

（5）**数值调节按钮**

数值调节按钮用来输入指定范围的一个数据值。单击向上箭头将增大数值，单击向下箭头将减小数值。其属性窗口如下图所示。

其中：
◎ **当前值**：设置控件当前的数值。
◎ **最小值和最大值**：设置数据输入的范围。
◎ **步长**：设置每单击一次向上或向下箭头，当前值的增加量或减少量。
◎ **单元格链接**：保存控件当前值的单元格。

（6）**滚动条**

单击滚动箭头与滚动块之间的区域时，可以滚动整页数据。滚动条的属性设置与数据值调节按钮类似，如下图所示。

在滚动条属性中的"页步长"数值框中设置当单击滚动箭头与滚动块之间的区域时，滚动的数据增量。

Chapter

14

工作表打印与输出

在制作好 Excel 表格之后，即可将其打印输出。本章将对使用 Excel打印输出数据的方法进行全面介绍，其中包括设置页面版式、设置页眉和页脚、添加工作表水印效果以及打印预览与打印等，读者应该熟练掌握。

本章要点

- 设置页面版式
- 设置页眉和页脚
- 添加工作表水印效果
- 打印工作表

知识等级

Excel 初级读者

建议学时

建议学习时间为 50 分钟

14.1 设置页面版式

在打印工作表之前，为了使打印出来的表格符合一定的格式要求，需要对其进行页面设置。页面设置主要包括设置页边距、设置打印方向和纸张大小、设置打印区域和顺序等。

14.1.1 设置页边距

页边距是指工作表数据与打印边缘之间的空白区域，为了使打印出来的文件更加美观，可以对其进行设置，具体操作方法如下：

01 **选择"自定义边距"命令** 打开文件，选择"页面布局"选项卡，单击"页面设置"组中的"页边距"下拉按钮，选择"自定义边距"命令，如下图所示。

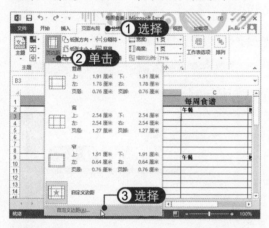

02 **设置页边距** 弹出"页面设置"对话框，在"页边距"选项卡下对"上"、"下"、"左"、"右"数值框中的数据进行设置，选中"水平"复选框，单击"确定"按钮，如下图所示。

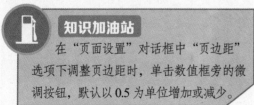

知识加油站
在"页面设置"对话框中"页边距"选项下调整页边距时，单击数值框旁的微调按钮，默认以 0.5 为单位增加或减少。

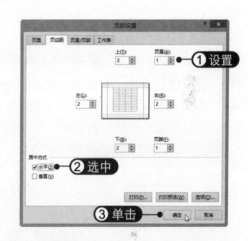

03 **查看效果** 单击"页面设置"组中的"页边距"下拉按钮，在"上次的自定义设置"选项区中显示了刚才设置的页边距，如下图所示。

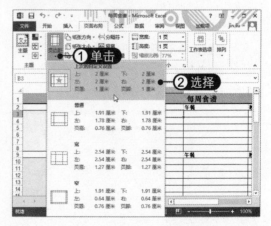

14.1.2 设置纸张大小

在打印时可以选择放入打印机的纸张大小，具体操作方法如下：

01 选择"其他纸张大小"命令 单击"页面布局"选项卡下"页面设置"组中的"纸张大小"下拉按钮，选择"其他纸张大小"命令，如下图所示。

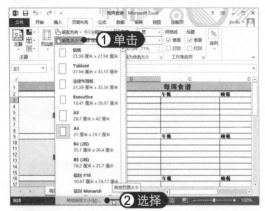

02 设置纸张大小 弹出对话框，在"纸张大小"下拉列表框中选择 A3 选项，单击"打印预览"按钮，如下图所示。

03 显示 A3 纸打印效果 进入"打印预览"界面，此时即可看到使用 A3 纸打印表格的效果，如下图所示。

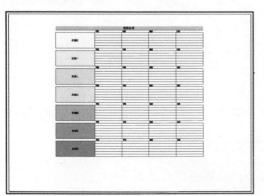

04 单击扩展按钮 单击 按钮，返回工作编辑区，单击"页面布局"选项卡下"页面设置"组中的扩展按钮，如下图所示。

05 设置纸张大小 弹出对话框，在"纸张大小"下拉列表框中选择"法律专用纸"，单击"打印预览"按钮，如下图所示。

06 查看打印预览 进入"打印预览"界面，即可查看使用法律专用纸打印表格的效果，如下图所示。

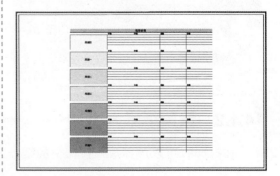

14.1.3　设置打印区域

在打印工作表时，若只想打印工作表的一部分内容，可以设置打印区域指定要打印的内容，具体操作方法如下：

01 **打开"页面设置"对话框**　打开"页面设置"对话框，选择"工作表"选项卡，单击"打印区域"文本框右侧的折叠按钮 ，如下图所示。

02 **选择打印区域**　返回工作表，此时"页面设置-打印区域"对话框呈最小化状态显示。拖动鼠标选择需要设置的打印区域，单击"页面设置-打印区域"对话框中的折叠按钮 ，如下图所示。

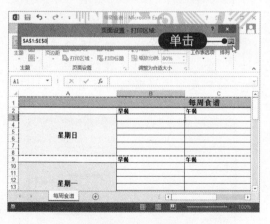

03 **单击"打印预览"按钮**　返回"页面设置"对话框，单击"打印预览"按钮，如下图所示。

04 **预览打印区域**　此时即可看到只显示了在工作表中选择的需要打印的单元格区域，如下图所示。

> **知识加油站**
>
> 在"页面布局"选项卡下"页面设置"组中单击"打印区域"下拉按钮，在弹出的列表中选择"取消打印区域"命令，可取消打印区域设置。

14.1.4　设置打印顺序

在打印工作表时，可以设置其打印顺序，根据自己的需要进行打印，具体操作方法如下：

01 设置"先列后行"的打印顺序 在"页面设置"对话框中选择"工作表"选项卡，在"打印顺序"选项区中选中"先列后行"单选按钮，单击"确定"按钮。这样在打印数据超出一页时自动先打印下面的内容，再打印右边超出的内容，如下图所示。

02 设置"先行后列"的打印顺序 在"打印顺序"选项区中选中"先行后列"单选按钮，单击"确定"按钮，此时即可在打印内容超出一页时先打印右侧超出的内容，再打印其下页的内容，如下图所示。

14.2 设置页眉和页脚

> 页眉和页脚是用户设置的特定文本，它们自动显示在每张打印页的顶部和底部。在打印工作表时，可以设置添加预定义的页眉和页脚，或创建自己的页眉和页脚。

14.2.1 添加预定义页眉和页脚

预定义的页眉和页脚是程序自带的样式，下面将详细介绍如何在表格中添加预定义页眉和页脚，具体操作方法如下：

01 单击页面设置扩展按钮 打开素材文件，选择"页面布局"选项卡，单击"页面设置"组中的扩展按钮，如下图所示。

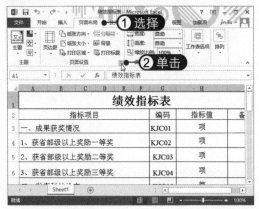

02 设置页眉 弹出"页面设置"对话框，单击"页眉"下拉按钮，在弹出的下拉列表中选择所需的页眉样式，如下图所示。

03 设置页脚　在"页脚"下拉列表框中选择"机密，2015/6/19 第 1 页"，单击"打印预览"按钮，如下图所示。

04 预览添加效果　此时即可在页面顶部显示添加预定义的页眉，在页面底部显示预定义的页脚，如右图所示。

绩效指标表

指标项目	编码	指标值	备注
一、成果获奖情况	KJC01	项	
1、获省部级以上奖励一等奖	KJC02	项	
2、获省部级以上奖励二等奖	KJC03	项	
3、获省部级以上奖励三等奖	KJC04	项	
二、发表科技论文	KJC05	篇	
1、国内发表	KJC06	篇	
①国家级	KJC07	篇	
②省级	KJC08	篇	
2、国外发表	KJC09	篇	
3、SCI、EI、ISTP收录	KJC10	篇	
三、出版科技著作	KJC11	万字	
四、课题成果被政府及有关部门采用数	KJC12	次	
五、专利申请数	KJC13	项	
六、专利授权数	KJC14	项	
七、软件著作权	KJC15	项	
八、植物新品种	KJC16	项	
九、技术标准	KJC17	项	
十、应用研究在国际国内的先进性（专家评议）	KJC18	先进口一般口差口	
十一、××年本项目培养的人才数	KJC19	人	
1、博士生	KJC20	人	
2、硕士生	KJC21	人	
3、高级工程师	KJC22	人	
4、工程师	KJC23	人	
注：			

机密　　　　　　　　2015/6/19　　　　　　　　第 1 页

14.2.2　自定义页眉和页脚

在添加页眉和页脚时，若程序提供的预定义页眉和页脚不能满足需要时，可以根据需要自定义页眉和页脚。下面将介绍如何创建自己的页眉和页脚，具体操作方法如下：

01 单击"自定义页眉"按钮　打开"页面设置"对话框，单击"自定义页眉"按钮，如下图所示。

02 单击"插入页数"按钮　弹出"页眉"对话框，将光标定位至"左"文本框中，然后单击"插入页数"按钮，如下图所示。

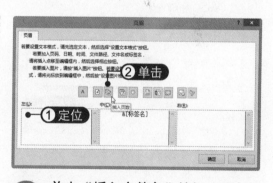

03 单击"插入文件名"按钮　将光标定位至"中"文本框中，单击"插入文件名"按钮，如下图所示。

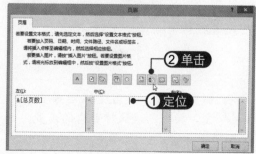

04 单击"插入日期"按钮 在&后的
"[ ]"中输入要插入的文件名，将光
标定位至"右"文本框中，单击"插入日
期"按钮，如下图所示。

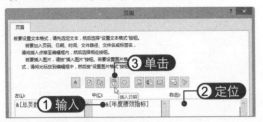

05 确认设置 设置完成后单击"确定"
按钮确认设置，如下图所示。

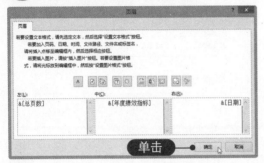

06 单击"自定义页脚"按钮 返回"页
面设置"对话框，单击"自定义页脚"
按钮，如下图所示。

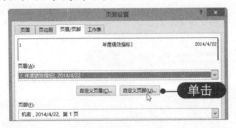

07 单击"插入页码"按钮 弹出对话
框，将光标定位至"中"文本框中，
单击"插入页码"按钮，如下图所示。

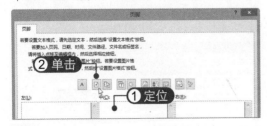

08 确认设置 设置完成后单击"确
定"按钮，确认对页脚的设置，如
下图所示。

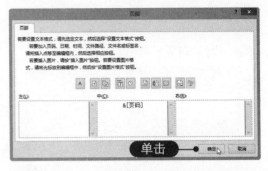

09 单击"打印预览"按钮 返回"页
面设置"对话框，单击"打印预览"
按钮，如下图所示。

10 查看自定义效果 进入"打印预览"
界面，在打印页面顶部显示自定义的
页眉，底部显示自定义的页脚，如下图所示。

1		年度绩效指标]		2014/4/22

绩效指标表

指标项目	编码	指标值	备注
一、成果获奖情况	KJC01	项	
1、获省部级以上奖励一等奖	KJC02	项	
2、获省部级以上奖励二等奖	KJC03	项	
3、获省部级以上奖励三等奖	KJC04	项	
二、发表科技论文	KJC05	篇	
1、国内发表	KJC06	篇	
①国家级	KJC07	篇	
②省级	KJC08	篇	
2、国外发表	KJC09	篇	
3、SCI、EI、ISTP收录	KJC10	篇	
三、出版科技著作	KJC11	万字	
四、课题成果被政府及有关部门采用数	KJC12	次	
五、专利申请数	KJC13	项	
六、专利授权数	KJC14	项	
七、软件著作权	KJC15	项	
八、植物新品种	KJC16	项	
九、技术标准	KJC17	项	
十、应用研究在国际国内的先进性（专家评议）	KJC18	先进口一般口差口	
十一、××年本项目培养的人才数	KJC19	人	
1、博士生	KJC20	人	
2、硕士生	KJC21	人	
3、高级工程师	KJC22	人	
4、工程师	KJC23	人	

注：

14.3 添加工作表水印效果

在 Excel 2013 中可以为工作表添加水印效果，以满足在特殊的文档编辑中的个性化需求。但实际上 Excel 并没有提供水印效果功能，只是可以模仿制作出水印效果。

14.3.1 制作图片水印

下面将介绍如何在工作表制作图片水印，具体操作方法如下：

01 **选择形状** 打开素材文件，选择"插入"选项卡，单击"插图"组中的"形状"下拉按钮，在弹出的列表中选择矩形形状，如下图所示。

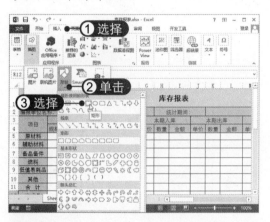

02 **设置图片填充** 在工作表中拖动鼠标绘制矩形，选择"格式"选项卡，在"形状样式"组中单击"形状填充"下拉按钮，在弹出的下拉列表中选择"图片"选项，如下图所示。

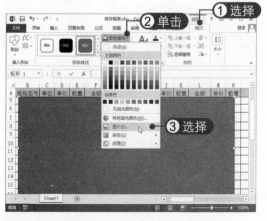

03 **单击"浏览"按钮** 弹出"插入图片"对话框，单击"浏览"按钮，如下图所示。

04 **选择图片** 弹出"插入图片"对话框，选择图片，然后单击"插入"按钮，如下图所示。

05 **设置无形状轮廓** 此时即可将所选图片插入到工作表中。选择"格式"选项卡，单击"形状轮廓"下拉按钮，选择"无轮廓"选项，如下图所示。

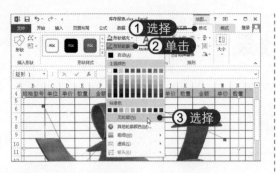

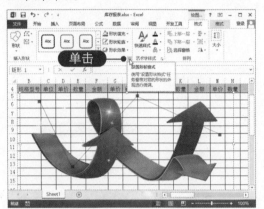

06 单击扩展按钮 在"形状样式"组中单击"设置形状格式"扩展按钮，如下图所示。

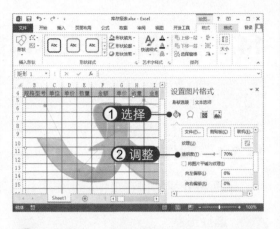

08 调整大小和位置 至此，图片水印效果制作完成。可以根据需要调整图片的位置和大小，如下图所示。

07 调整透明度 打开"设置图片格式"窗格，选择"填充线条"选项卡，调整透明度，如下图所示。

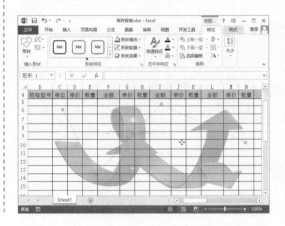

14.3.2 制作文字水印

在 Excel 2013 中，可以通过插入艺术字来制作文字水印，具体操作方法如下：

01 选择艺术字样式 选择"插入"选项卡，单击"文本"组中的"艺术字"下拉按钮，在弹出的列表中选择所需的艺术字样式，如下图所示。

02 输入文本 此时即可在工作表中插入艺术字文本框，输入所需的文本，在"字体"组中设置字体格式，如下图所示。

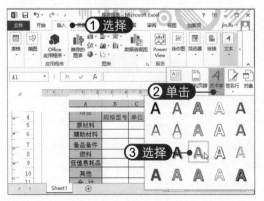

03 单击扩展按钮　选择"格式"选项卡，单击"艺术字样式"组中的扩展按钮，如下图所示。

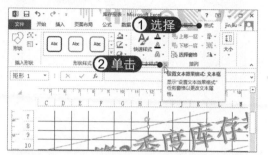

04 调整透明度　打开"设置形状格式"窗格，选择"文本填充轮廓"选项卡，选中"纯色填充"单选按钮，拖动滑块调整透明度，如下图所示。

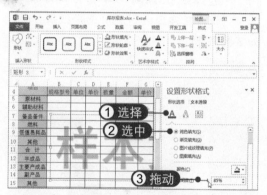

05 旋转文字　旋转艺术字的方向并调整其位置，查看文字水印效果，如下图所示。

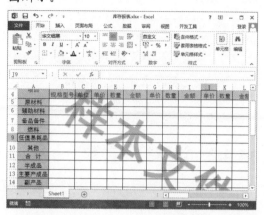

知识加油站

还可以在文本框中输入文字，然后对其应用艺术字样式，再进行文本的透明度调整来制作文字水印。

14.4　打印工作表

打印工作表是将设置好页面格式的工作表打印至纸上，在打印时需要进行相关的设置，下面将介绍如何进行打印设置并打印工作表。

14.4.1　快速打印工作表

快速打印工作表即直接对文件进行打印，不再需要对工作表进行修改设置，具体操作方法如下：

01 选择"打印"命令　打开设置好页面格式的工作簿，选择"文件"选项卡，在左侧列表中选择"打印"命令，在右侧打印机列表中选择打印机设备，如右图所示。

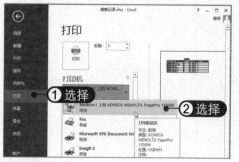

02 打印工作表 输入打印份数，单击"打印"按钮，即可打印工作表，如右图所示。

知识加油站

选中表格中的任意单元格，在选择打印范围时选择"打印所选表"选项，即可打印选中的内容。

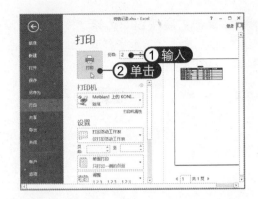

14.4.2 设置打印参数

在打印工作表时，还可以根据需要设置打印范围、打印内容、方向及缩放打印等参数，具体操作方法如下：

01 选择打印范围 在"设置"选项区中单击打印区域下拉按钮，在弹出的列表中选择打印范围，如下图所示。

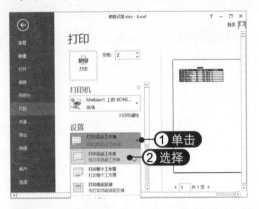

02 设置打印页数 在"页数"文本框中输入数字，设置要打印的页数范围，如下图所示。

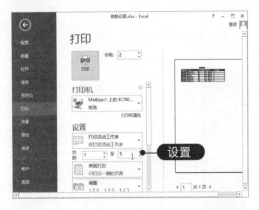

03 选择纸张方向 单击方向下拉按钮，在弹出的列表中选择纸张方向，如下图所示。

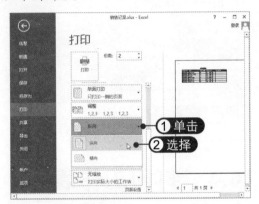

04 设置缩放打印 单击缩放打印下拉按钮，在弹出的列表中选择是否进行缩放打印，如下图所示。

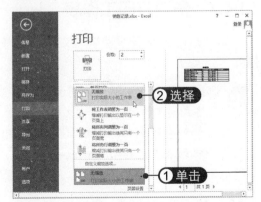